近代日本と高崎陸軍埋葬地

今井昭彦

御茶の水書房

はしがき

本書を執筆している最中の七月一四日、作家大岡昇平（明治四二年東京生まれ）に関する『上毛新聞』の記事に遭遇した。大岡は成城大学の前身たる、旧制成城高校（七年制）出身で、少年期はキリスト教の影響を受けた。自らの兵士としての戦争体験をもとに作品を発表し、「戦争文学の旗手」「戦後文学の旗手」と称された。だが、日本芸術院会員に選ばれるものの、辞退している。上毛記事には次のようにあった〔上毛新聞 2020〕。

ミンドロ島山中に退避して一人になった大岡さんは目の前を横切った、若い米兵をなぜか撃たなかった。それを「俘虜記」で書き、戦争文学で最も有名な場面となった。（中略）「僕が女性的で戦場の戦闘意欲に燃えていなかったかもしれない。マラリアにもかかっていた。この戦争を良いことだと思えなかったのも撃たなかった理由かもしれない。いずれ自分も死ぬのに相手を殺す必要はないと思ったんですね」。

「国は撃てと言ったのに、僕は撃たなかった。そして捕虜となった。そんな僕が国から栄誉を受けるわけにはいかない。自分の論理を通したつもりです」と語っていた。（中略）

戦争の悲惨さは一人の兵隊の世界を描いても分かる。でも「その兵隊がなぜその地に行かされ、戦わされているかは分からない。大本営、参謀、軍の方針によって兵隊個々人の運命が左右されているので、それを書こう」と思ったのだ。

こうして戦争に拘り続けた大岡は、戦没者に対して生涯「申し訳ない」という思いを抱きながら、昭和六三年一二月二五日、七九歳で死去した。「クリスマスの日」であった。翌一月には、かつての「現人神」で「大元帥」たる昭和天皇が没している。

私が『俘虜記』に出会ったのは、高校一年時の国語の授業であった。「なぜ撃たなかったのか」、当時の私の貧弱な読解力では、どうにも答えられない難解な問題であった。そしてこの難問は、私のなかで「未解決問題」として何十年も燻り続けていた。

このような私には全く戦争体験はないが、三浪の末、昭和五二年四月に、大岡有縁の成城大学文芸学部文芸学科に入学した。同学園は柳田民俗学とも関わりが深く、当初は民俗学を専攻しようと思っていたが、もともと宗教研究に関心があったため、三年時から「宗教社会学・森岡清美ゼミ」に所属することになった。以来、近代日本における戦没者慰霊の問題に取り組み始めて、すでに四〇年近くが経過している。

この間、とりあえず目標としていた「三部作」、つまり『近代日本と戦死者祭祀』（2005）、『反政府軍戦没者の慰霊』（2013）、『対外戦争戦没者の慰霊』（2018）を、曲がりなりにも何とか完成させることができた。この「三部作」の目標達成は、奇しくも、地元の群馬師範（群師、後の群馬大学教育学部）を出て教員生活を全うし、平成二年一月に病没した父昭二（昭和二年生まれ）の寿命（六二歳）と同じ年齢であった。亡父に一連の著書を手渡しできなかったことは、痛恨の極みであった。

こうした作業の根底には、既述の大岡が問いかけたように、「その兵隊がなぜその地に行かされ、戦わされているか」、あるいは「日本はなぜあのような戦争をしなければならなかったのか」と、問い続けている私自身がいたのである。

さらに、群馬県における戦没者慰霊のありように関しても拙著を残したいと考え、今年三月には『近代群馬と戦没者慰霊』（2020）を刊行することができた。四冊目の単著であったが、同書はまた、成城大学の後輩で群馬県高崎市在住であった、人類学者の楢崎修一郎君（大分県出身）に捧げる一冊でもあった。楢崎君は南洋テニアン島で、戦没者の遺骨収集作業中に、惜しくも六〇歳で逝去された。彼の業績については、毎日新聞社の伊藤智永氏が「余録」（2019.4.14）でご紹介いただき、有り難いことであった。なお、私はかつて「靖国問題」を通じて伊藤氏と知遇を得て以来、氏からは長年にわたりご厚情を頂戴している。

私にとって活字になった最初の刊行物は、『成城文藝』第一〇二号に掲載された、森岡清美・今井昭彦「国事殉難戦没者、とくに反政府軍戦死者の慰霊実態（調査報告）」(1982)である。学部時代からの恩師で、今年一〇月には九七歳になられる森岡清美先生（東京教育大学名誉教授・

成城大学名誉教授）のお供をして、初めて現地調査（会津若松市・鹿児島市）を体験したのである。後に森岡先生は、「会津と鹿児島の調査報告（著作 一九八二・一二）は今井氏の研究の出発点となる」、と記されている（森岡 2016）。森岡先生の益々のご健勝をお祈りするものである。

他方で、私の最初の単独論稿は、修士論文をもとに成城大学大学院の『常民文化』第一〇号に発表した、「群馬県下における戦没者慰霊施設の展開」（1987）であった。これは「ムラやマチの靖国」と称されている、「忠魂碑」や「忠霊塔」などの慰霊施設の単独調査を郷里の群馬県下で実施し、その資料をもとに書き上げたものである。今読み返してみれば、冷や汗を拭いきれない粗末な論文であったが、この拙稿にも、後の研究課題の多くが炙り出されることになった。

本書は単著五冊目にあたるが、これも前著（2020）の「二番煎じ」も甚だしい小品である。とくに「陸軍埋葬地」（陸軍墓地）に拘り、一冊を成してみた。相変わらずの内容であるが、多少バージョンアップされたもので、より広く一般の方々にも関心をもって、お読みいただければ幸いである。また今回も、私の大学有縁の方々を始め、これまでに他界した先輩・友人・同級生、さらに亡父ら親族故人への、私なりの再度の「レクイエム」（死者のためのミサ曲）である。

私の大学への出講等に関しては、群馬大学社会情報学部・同大学教育センター・同学務部教務課教養教育係、神奈川大学国際日本学部国際文化交流学科、大泉町教育委員会教育部生涯学習課スポーツ文化振興係（文化財）の諸氏に、ご厄介になっている。

また、地元の上毛新聞社、毎日新聞社前橋支局、群馬県地域文化研究協議会、群馬歴史民俗研究会、群馬現代史研究会、桐生文化史談会（巻島隆氏）、群馬成城会、群馬県立太田高等学校金《きん》山《ざん》同窓会（新井英司氏）、群馬県太田市立南中学校第二〇回（昭和四六年三月）卒同窓会、牛沢団地町内会生涯学習委員会（太田市牛沢町）、さらに成城学園同窓会（本田敏和氏）、成城大学合唱団ＯＢ・ＯＧ会、埼玉の川本会津会（旧県立川本高等学校職員有志の会）、歴史春秋社（会津若松市）、仙台市歴史民俗資料館の諸氏にも、ご支援をいただいている。

その他、個々のお名前は全て挙げられないが、多くの方々のご高配によって本書を刊行することができた。ここに感謝申し上げる次第である。

掲載した写真は、全て私が撮影したものである。最後に、今回も御茶の水書房にご厄介になった。とりわけ同社の小堺章夫氏には再びご苦労をおかけした。お礼を申し上げたい。

二〇二〇年七月二五日

新型コロナ禍のなか戦後七五年目の夏に　今井昭彦

近代日本と高崎陸軍埋葬地

目次

近代日本と高崎陸軍埋葬地

一　はじめに――カミとホトケ――

近代日本の歴史はまさに「戦争の歴史」であったが、歴史教科書では、近代の戦いを全て「戦争」という用語で統一している。しかし、戦争という用語が使用されたのは「大東亜戦争」からであるといわれている。それまでは、墓碑・慰霊碑・銅像等の金石文や文献資料において、「戊辰戦役」や「西南戦役」、「征台の役」（台湾出兵）、「日清戦役」（明治二十七八年戦役）、「日露戦役」（明治三十七八年戦役）、あるいは「支那事変」などと記載されているのである。このなかには、現在では差別的な用語とされるものもあるが、国家や国民の意図・意思が如実に反映された当時の用語（歴史用語）に依拠することは、歴史研究上あるいは歴史認識上、重要であると考えられる。したがって本書では敢えて、基本的には当時の用語を使用することにしたい。ただし、こうした用語を使用することで、筆者は、戦前の植民地支配や戦争を肯定するつもりは全くない。また、軍隊の「編制」の場合も複雑であるので「編成」に統一したい。

周知のように近代日本は、幕末維新期の慶応四（一八六八）年一月の**京都「鳥羽伏見の戦い」**で幕を開けた（同年九月に明治と改元）。つまり、近代の内戦であるこの**「戊辰役」「戊辰戦役」**は、旧幕府軍（東軍・賊軍・反政府軍）と、薩長らの討幕軍（西軍・官軍・新政府軍）との戦い（権力闘争）であり、歴史教科書によれば、戊辰戦役は明治二（一八六九）年五月の「**箱館の戦い**」で終焉することになった。ただし、明治二年は辰年ではなく巳年であったから、この箱館の戦いは、地元北海道では「**己巳《きし》役**」「**己巳戦役**」と称しており、戊辰戦役とは区別しているのである。また新政府の論功行賞も、戊辰戦役と己巳戦役とに分けて行われていた。こうした地域社会での歴史認識は、歴史教科書の記述とは乖離していよう。

そしてこれ以降は西国、とくに九州でいわゆる「不平士族の反乱」が勃発することになる。つまり、明治七年の「**佐賀の乱**」（**佐賀の役**）を契機に、九年の「熊本の乱」（神風連《じんぷうれん》の乱・敬神党の乱・熊本の役）、そして福岡「秋月の乱」・山口「萩の乱」を経て、翌一〇年には鹿児島の「**西南戦役**」に至るのである。ただし、一〇年は丑年であるから、鹿児島では同戦役を「**丁丑《ていちゅう》役**」「**丁丑戦役**」

「鳥羽伏見戦跡」碑
（京都市伏見区中島秋ノ山町）

西軍の「御親兵十津川隊　戊辰役戦没者招魂碑」
（新潟県護国神社・戊辰役殉難者墓苑、新潟市西船見町）

とも呼称しており、ここでも地元の歴史認識と、教科書との観点の相違を確認することができる。

この西南戦役までの時期は、近代日本の「内戦・内乱の時代」ということができるが、本書では群馬県（以下、本県とする）と有縁の、明治一七（一八八四）年の騒擾たる、埼玉秩父事件（秩父困民党の反乱）までを視野に入れて扱うことにした。なお岩根承成によれば、同事件を近年では「群馬・秩父事件」とも称するようであるから、本書でもこれに倣いたい。このように近代日本の戦没者は、本書で言及する戊辰以来の内戦の場合と、対外戦争との場合に大別することができる。

西軍の「己巳役海軍戦死碑」
（明治6年12月建立、函館市船見町）

「佐賀の役　殉国十三烈士の碑」
（昭和58年10月29日建立、佐賀市城内・佐賀城公園）

「加世田郷　丁丑役戦亡士墓」
（鹿児島市上竜尾町・南洲墓地）

かつて筆者は、最初の単著『近代日本と戦死者祭祀』（2005）にて、戊辰戦役で「朝敵・賊軍の巨魁」とされた、**奥州会津藩（東軍）の「戦死墓」**（阿弥陀寺・**長命寺**、会津若松市）に象徴されるように、内戦において国家（靖国）祭祀の対象から除外された戦没者をとくに「戦死者」と呼んだ。この点については佐藤雅也が検証しているように、当時の「戦没者」は、官軍（西軍）側の戦死者等をさす場合に多く使用されていたことは事実であったが、議論の余地を残すことになった。

一方で、明治七年五月からの「征台の役」（台湾の役・台湾出兵）以来の、対外戦争の場合では、その金石文の調査結果に改めて立ち戻ってみると、広く「戦没者」のなかに戦死者・戦病死者・戦傷死者などが含まれていることが一般的であった。これは『広辞苑　第六版』（岩波書店）の記述にも合致するところであり、現在、八月一五日「終戦記念日」の日本武道館（千代田区北の丸公園）

での政府主催の行事も、「全国戦没者追悼式」となっている（以下、傍点筆者）。したがって本書も、前著『近代群馬と戦没者慰霊』（2020）に倣い、「戦死者」等を包含する語として「戦没者」の語を使用することにする。

そもそも、戦没者は「非業の死」を遂げた「横死者」であり、とりわけ前途春秋に富む若者が中心であった。したがって、その魂は天寿を全うした「和魂《にきたま》」ではなく、将来の夢や希望を突然絶たれた「荒魂《あらたま》」であり「御霊《ごりょう》」であったから、宗教的には特別な慰霊・供養・祭祀の対象となったのである。

会津長命寺の「戦死墓」
（明治 11 年 11 月建立、会津若松市日新町）

とくに近代の戦没者を**「ホトケ」**ではなく、靖国神社に代表されるように国家が**「カミ」**として祀ろうとした背景には、明治以降、天皇崇敬を基盤として神道（神社）が国教化されていった、いわゆる国家神道の歴史があった。

つまり政治的な支配者で

ある天皇を「現人神《あらひとがみ》」、すなわち普遍的価値を体現する「生き神」として崇敬し、その下で天皇（国家）のために命を捧げた戦没者を、現人神に準ずる「国の神」「軍神」として位置づけようとしたのである。近代における新たな「生き神信仰」「人神《ひとがみ》信仰」の成立であった。ここでは、戦没者の荒魂は「忠義なる魂」、つまり「忠魂」に転換しいていった。こうして全国民に天皇崇敬を強制する国家神道は、人間の基本的権利に根ざす「信教の自由」（信仰と宗教の自由）などからは、ほど遠いものとなった。近代日本の戦没者慰霊は、こうした枠組みのなかで展開されていったのである。

社会学の泰斗である森岡清美は、出征将兵たちの死の意味づけを分析し、「戦死が最大の親不孝」であるにもかかわらず、例えば「皆々様始め村の人々へも恩返しが出来」るのであれば、戦死は孝行になるという。そのことは村の人々から「名誉の家」への賞賛と敬意となって跳ね返り、親孝行となったのである。「○○家より名誉のお国への道」は、このように「村の人々」を媒介として成立していったが、これには必然的にマクロ環境としての国民精神に関する国家の政策が反映されていた。

こうした観念は、近代日本の社会において、深く根強く貫徹していく精神であったに違いなく、国民をして戦争に駆り立て、「ムラやマチ」（地域社会）における無数の戦没者墓碑・慰霊碑・慰霊施設等を生み出していく、源泉や原動力になったのである。

「日本民俗学の祖」といわれる柳田国男（明治八年兵庫県生まれ）は、明治期の旧藩主の始祖祭祀などによる地方神の増加を「人神思想の第一次拡張」と呼び、次いで「郷土の関係を離れて、人の霊を国全体の神として拝み崇めることになった」のが、日清・日露戦役という「愛国戦争」以降の「人神思想の第二次拡張」であるとしている。そして、靖国神社での祭祀がこれに相当するという。靖国（国家）祭祀は、「天皇教」というべき宗教をもとに成立していた。

ところで、石碑（岩石）に霊的存在が宿るというのは、神道でいう「磐座《いわくら》」を起源とすると考えられよう。國學院大學編『神道事典』（1994）によれば、「磐座」（「磐境《いわさか》」と同義とする説もある）とは、

そこに神を招いて祭をした岩石。その存在は神聖とされた。（中略）神社の祭礼でも、祭神ゆかりの石として、その場に神輿を据えた御旅所としたり、献饌している例は現在でも多い。また磐座神社などと称されるもので本殿内あるいは背後にまつってあり、社殿成立以前にはこの石を中心に祭りが行われていたと思われる神社もある（椙山林継）

とある。

石碑に霊魂が宿るとされる典型的な例は墓碑であり、新谷尚紀によれば、当初、墓碑の建立は子供や戦死者などの「異常死者」のためであったという。日本に仏教が伝来して以来、常民レベルにおいては先祖祭祀を核として、神仏習合の世界にあっても、死者は一般的にカミよりもホトケとして慰霊・供養されてきたのではなかったか。

古来から、戦争には必ず戦没者が伴うのであり、少なくとも戦没者のいない戦争はあり得ない。本県では、明治初期に近代の徴兵制が施行されると、高崎に陸軍部隊が設置され「**陸軍埋葬地**」、つまり後の「**陸軍墓地**」が創設されるのである。以来、高崎は「軍都」となるが、陸軍墓地の正式名称は、明治期の「陸軍埋葬規則」（明治三〇年八月一七日）が改正公布された、昭和期の「陸軍墓地規則」（昭和一三年五月五日）の規定によるものである。さらに、同規則改正（昭和一六年七月一九日）により、

第二条　陸軍墓地ハ内地、樺太、朝鮮及台湾ノ衛戍地毎ニ一個所ヲ設ク

と規定された〔原田 2003〕。したがって陸軍墓地は外地にも設営されたのであるが、「陸軍埋葬地」という呼称は、明治・大正期および昭和初期における名称であるということになろう。

筆者は前著（2020）にて、本県での戦没者慰霊に関して、その概容を提示してみた。そのなかで陸軍埋葬地についても言及している。したがって本書では、改めて陸軍埋葬地とは何なのかを主たる命題とし、とくにその創設期に焦点を絞って考察してみたい。原田敬一によれば、現在、日本国内には陸軍墓地八六ヶ所（松山のロシア人墓地を除く）・海軍墓地七ヶ所、計九三ヶ所の存在が考えられるという。こうした陸軍埋葬地は、近代の戦没者慰霊のなかでどのように位置づけられるのか、明治初期の本県での事例をもとに再検討を試みた。

二　戊辰戦役と招魂祠・招魂社の創建

近代日本の幕開けとなる、幕末維新期の上州九藩（沼田・前橋〔厩橋《うまやばし》〕・伊勢崎・館林・高崎・吉井・安中《あんなか》・小幡《おばた》・七日市〔富岡〕）は、総じて戊辰戦役および己巳戦役（箱館の戦い）で、討幕軍たる「官軍」（西軍・新政府軍）に与した。これは関東の諸藩にとっても、時代の趨勢であったのだろう。

慶応四（一八六八）年四月一一日、江戸無血開城し、翌閏四月二一日には政体書（新政府の組織）が発布された。この間の閏四月、上州権田村《ごんだ》（高崎市）では、旧幕府の勘定奉行・軍艦奉行等を務めた小栗忠順《ただまさ》（上野介《こうずのすけ》）が、新政府軍によって斬首されている。家臣と共に「罪なくして斬ら」れたのである（墓所は東善寺〔高崎市倉渕町権田〕）。

同五月一五日には、旧幕府軍**彰義隊**が奮戦した「**戊辰上野の戦い**」がおこった。これに関しては殆んど知られていないが、上州人らが深く関わっていたのである。

戦場となった当時の上野の森は、東叡山寛永寺（寛永年間創建、天台宗大本山）の敷地であった。同地は江戸城の「鬼門」（東北）に位置していたから、徳川幕府は菩提寺である同寺を創建することで、「鬼門除け」の役割を付与していた。

彰義隊士が火葬された上野彰義隊墓所（東京・上野公園）

彰義隊は「御三家」に次ぐ「御三卿」の一つで、「将軍家の藩屏」たる一橋家（一〇万石、当主は水戸藩出身の一橋慶喜）の家臣を中心に結成され、その提唱者は上州新田郡成塚村（太田市）出身の須永於菟《おと》之輔《のすけ》（伝蔵）であった。そして同隊の初代頭取となる渋沢成一郎は、須永の従兄弟で武州榛沢郡血洗島村（埼玉県深谷市）の郷士であり、後に「近代日本資本主義の父」と称され、明治期からの「殖産興業」を牽引する渋沢栄一は、成一郎の従兄弟であった。また、二代目頭取となる天野八郎は、上州甘楽郡磐戸村（甘楽郡南牧村）の庄屋出身であった。

このように同隊は、上州や武州出身の農民・郷士らにより組織されたが、結局は「朝敵・賊軍」（東軍・反政府軍）の汚名を着せられることになる。上野の戦い後、同じ国事殉難者でありながら、彰義隊士**二六〇名の遺体**は、官軍により見せしめのため三日間路傍に晒されたという。隊士は後に**火葬**されるが（**上野彰義隊墓所**）、彼らは「敵」ではなく、それ以下の「罪人」として取り扱われ、その歴史は闇のなかに葬り去られていったのである。したがって、後世の教科書で詳しく記述されることもなく、近代の国民が学ぶ歴史は、あくまでも「勝てば官軍」の歴史だけであった。

既述の上州諸藩のなかで、**館林藩**（譜代六万石、城址は館林市）は、かつて「館林宰相」（第十二代藩主）と呼ばれた、第五代将軍徳川綱吉（第三代将軍家光四子）の出身藩（当時は二五万石）であった。このように同藩と幕府とは因縁深かったのであるが、綱吉が将軍就任後、館林城は二五年近く廃城になるという。そして幕末には、水戸藩（「御三家」三五万石、城址は水戸市）の、尊王攘夷思想を核とした国体論たる水戸学の影響を受け、館林藩は宇都宮藩（譜代約六万八〇〇〇石、城址は栃木県宇都宮市）らと共に、「関東の尊攘藩」として重きをなすようになった。

館林城址

　こうして戊辰戦役では館林藩も官軍の一員となり、藩士六九八名を出兵させることになった。このうち、同藩の出羽分領（漆山陣屋〔山形市〕が支配）からは三七名出陣とされているから、本藩からの出兵は六六一名になるという。また、領内町村から徴発された郷夫や、藩士の家来である又者から計四一四名（うち出羽分領一三名）が従軍した。したがって総員一一一二名となる。当時、館林居住の藩士は約八〇〇戸とされているから、ほぼ挙藩総動員体制であった。

江戸開城前の慶応四年四月三日、館林では藩兵二小隊（五四名）の出陣が皮切りとなったが、藩兵たちは「戦に出る」ことは分かっても、世の中で一体何がおこっているのか、「戦の道理」は理解できていなかったという。出陣した最年少者は一四歳（四名）で、二〇歳未満の者は一〇六名とされ、出征者全体の約一割に相当していた。城下は混乱の只中にあったのであろう。後の自然主義派の小説家、田山花袋（明治四年生まれ）の父田山鍋《しょう》十郎も、藩士として出陣している。鍋十郎は一〇年後の西南戦役にも出征することになる。

錦の肩印を軍表に飾り、「生還を期せず」覚悟して出征した館林藩兵は、北関東から東北各地を転戦した。一方、仙台藩（外様、内高は一〇〇万石以上、城址は仙台市）・米沢藩（外様一五万石、城址は山形県米沢市）を中心とする奥羽越地方の諸藩は、三一藩からなる反政府軍同盟である奥羽越列藩同盟を結成した。同盟軍は東軍と称し、多方面から侵攻してくる西軍（官軍）に対抗したのである。

館林藩兵は、既述の「戦死墓」を生んだ「戊辰戦役の天王山」たる、慶応四年八〜九月（明治改元は九月八日）の**会津鶴ヶ城攻防戦**（**会津戊辰戦役**、会津藩は家門で実高約七〇万石、城址は福島県会津若松市）にも参加した。実際に会津若松城下の戦いでは、戦死者**一〇名**（**一二名**とも）・戦傷者四名と、同藩は最も多くの戦死者を出した。したがって、同藩兵の墓碑は地元の館林のみならず、東北方面にも散在することになる。

表1は**館林藩兵埋葬地一覧**で、その数は**一三ヶ所**である。最年少戦没者は一七歳（藩士戸谷戸助）で、十代の戦没者は四名確認でき、また最年長戦没者は五六歳（藩士田口曽右衛門）であった。これらの埋葬地は、**西軍墓地・官軍墓地**あるいは**官修墓地（官修墳墓）**などと称されている。また、

会津鶴ヶ城址

結城・泰平寺の「官軍　館林藩士」墓碑

表1　館林藩兵埋葬地一覧

埋葬場所	現住所	埋葬者・埋葬人数	備考
結城・泰平寺（官修墓地、官軍墓地）	茨城県結城市武井	歩卒隊長石川喜四郎（35歳）以下、山本富八（43歳）・進藤常吉（22歳）・山沢与四郎（20歳）の4名（実際は山本・山沢の2名とも）	慶応4年4月16～17日の「野州小山・総州結城武井村の戦い」で東軍と交戦。山本・山沢は16日に戦死し館林藩最初の戦没者となる。翌17日には石川・進藤が戦死。同寺の墓碑は2基。「官軍　館林藩隊長　石川喜四郎源定静」碑と山本以下3名の合葬墓碑。なお、山本以外の3名には新政府から祭魂料金10円が下賜されている
天童・蔵増	山形県天童市蔵増	郷夫3名（現地徴用の郷夫か）	慶応4年閏4月4日の「羽前国蔵増村の戦い」で大砲長梶塚勇之進・郷夫らが戦死。同地には梶塚の慰霊碑あり。梶塚の墓は同下の浄土院（山形市）にある
山形・浄土院	山形県山形市漆山	漆山陣屋詰の大砲長梶塚勇之進（46歳）・藩士森谷留八郎（29歳）の2名	森谷は明治元年秋に奥州二本松領で「横死」とある
結城・光福寺	茨城県結城市結城	同上の石川隊長1名	
小山・竜昌寺	栃木県小山市泉崎	同上の藩士進藤常吉1名	
館林・法輪寺（官修墓地）	館林市朝日町	同上の石川隊長・藩士戸谷戸助（17歳）の2名	戸谷は最年少の戦没者。慶応4年5月13日に武州千住駅で「遇賊戦死」とある。
館林・円教寺	館林市朝日町	同上の藩士進藤常吉1名	
館林・大道寺（官修墓地）	館林市大町	館林肴町出身の富塚忠三郎（郷夫または又者）1名	富塚は明治元年秋に奥州二本松領で「横死」とある
白河・長寿院西軍墓地（慶応戊辰殉国者墳墓、官修墓地、官軍墓地）	福島県白河市本町	藩士永田伴次郎（37歳）・同高山清記（20歳）以下7名（藩士6名、郷夫・又者6名とも）	全て個人墓で116基。薩摩29名・長州30名・土佐18名・大垣13名・館林7名・日向佐土原19名。西軍の白河方面での戦死者および会津等で負傷し白河で没した戦病死者を埋葬。後に薩摩藩兵は鎮護神山に改葬
三春・龍穏院（官修墓地、官軍墓地）	福島県三春市	藩士2名	慶応4年7月27日に三春開城。藩士本木弥三郎（18歳）は明治元年9月5日の会津戊辰戦役で負傷し「三春城病院」で没

本宮・誓伝寺	福島県本宮市	藩士3名、郷夫3名(同上の龍穏院と重複とも)	慶応4年7月28日の「本宮宿の戦い」で東軍と交戦
相馬・慶徳禅寺(官修墓地、官軍墓地)	福島県相馬市中村	徒士隊長青木三右衛門(42歳)以下藩士8名	明治元年9月10日の「奥州旗巻嶺の戦い」で東軍仙台藩兵と交戦し藩士田山鍋十郎も奮戦。15日には仙台藩が降伏
会津・東明寺西軍墓地(戊辰戦役西軍戦没者墓地、官修墓地)	福島県会津若松市大町	藩士2名	当初は西軍本営が置かれた融通寺境内に設営。西軍戦没者151体を埋葬(館林藩以外は土佐49名・薩摩33名・長州24名・大垣20名・肥州11名・備州6名・岡山3名・越前2名・藩籍不明1名)。明治元年10月建立の「大垣　戦死二十人墓」を契機に「長藩戦死十五人墓」「戊辰　薩藩戦死者墓」などが建立。後に東明寺の管理となる

※現地調査および今井(2005)、館林市立図書館(1977)、館林市史(2016)により作成

白河・長寿院西軍墓地

相馬・慶徳禅寺の「官軍　館林藩士」墓碑

会津・東明寺西軍墓地

同上

函館・新政府軍墓地（官修墓地、函館市神山・大円寺）

新潟・高田西軍墓地（官修墓地、新潟県上越市・金谷山）

主として寺院境内に設営されているから、埋葬者は基本的に「カミ」ではなく「ホトケ」として位置づけられていることになる。とくに官修墓地とは、毎年国庫より修繕費（維持管理費）が支給されたもので、その総数は全国で一〇五ヶ所に及んだというが、ただし同墓地は、戊辰・己巳戦役のみに限定されていた（日本の敗戦後に廃止）。

新潟・船岡山西軍墓地
（官修墓地、北越戊辰戦役における小千谷・長岡付近での西軍戦没者を埋葬する。新潟県小千谷市）

館林藩の「戦死者」は計三九名、負傷者は計三五名とされている。しかし負傷者のなかには「極重傷」とされる者もあった。例えば藩士大野滋（二一歳）は、会津若松城下で負傷し「軽傷」ではあったが、館林の自宅に後送され療養したが死去している（明治二年一一月没）。このように帰郷してから「戦没」した者もいたのである。大野は「名誉の戦傷死」であり、元隊長からの嘆願もあったが、同藩「戦死者」には認定されなかったという。現在のところ、確認できる同藩戦没者（藩士以外の郷夫・又者などを含む）は**四七名**といわれるが、実際には五〇名以上ともいわれている。また、これらの戦没者数は、表1の埋葬者数（重複者は除く）とも一致していない。

館林藩の最後で、幕府奏者番（老中支配）を務めた、第二十三代藩主秋元礼朝《ひろとも》（遠江掛川藩主太田資始《すけもと》五男、後の館林藩知事）は、同藩戦没者のうち、とくに既述の**三九名の「戦死者」**（藩士二六名、郷夫・又者一三名）のみを「カミ」として祀った。つまり、戦役後の明治二（一八六九）

現在の邑楽護国神社（館林市代官町）

「戦死者碑」（邑楽護国神社）

年九月二三日、城西の近藤村大谷原の練兵場跡（館林市近藤町）に、いわゆる**館林招魂祠**（社地は三段六畝一二歩、後の**館林招魂社・邑楽《おうら》護国神社**）を創建し、この「戦死者」を祭神としたのである。ただし同祠に遺体・遺骨はなく、戦没者の荒魂だけが祀られた。同時に、同祠境内には三九名の**「戦死者碑」**（明治二年、遺骨なし）、および**「招魂合祭之碑」**（同前）も建立されている。

「招魂合祭之碑」（邑楽護国神社）

　同祠には、後に対外戦争戦没者も合祀されていき、祭神は無限に増えていくが、「地方の靖国」「地域の靖国」として機能していくことになる。また同祠は、とくに日露戦役（明治三十七八年戦役）後、地域社会で一般的に建立されるようになる、**「忠魂碑」**（遺骨なし）と同一の機能を有することにもなる。同碑が**「ムラやマチの靖国」**と称され、「宗教施設」としての役割を果たしていく所以である。

　ここにおいて柳田国男が指摘した、旧藩域において人をカミとして祀る、近代の「人神信仰」「人神思想」が成立した。こうした招魂祠・招魂社創建の思想的源流は、既述の水戸藩の神葬祭（神式）にあるとされている。一方で、この祭神以外の戦没者は、

旧相生村（桐生市）の「忠魂碑」
（陸軍大将男爵荒木貞夫書、昭和 15 年 11 月 10 日建立、桐生市相生町）

「注連縄」が張られた旧中瀬村（埼玉県深谷市）の「忠魂碑」
（乃木希典書、明治 39 年 4 月建立、中瀬神社）

総じて仏式による「ホトケ」ということになろう。本県の忠魂碑は（乃木）希典《まれすけ》書が多い。

既述のように、同藩戦没者は既述の四七名に及んでいたから、戦没者であっても、「戦死者」ではない大野のような「戦傷・戦病死者」等は、同祠の祭神から除外されたのである。基本的には「戦場で死ななければ」、補償問題も絡み「戦死」として認定されなかったのであろう。

靖国神社

靖国神社の「元宮」
（旧招魂社、文久３年７月に討幕派が京都祇園社［後の八坂神社］境内に創建した）

同藩は戦功として賞典禄一万石を下賜されており、その一部の二六六両余が同祠建設資金として当てられ、また五〇石を以て同祠の祭祀料にしたという。同祠は戊辰戦役十三回忌を経た明治一四年四月、市街の**現在地**（**館林市代官町**）に移転された。同祠は長良《ながら》神社（後の郷社、旧天福寺境内）に隣接している。邑楽郡内には長良（柄）神社が多数あり、同社はかつて同郡の筆頭神社とされたが、そのうちの一社である。同祠は郊外にあったが故に遺族等の参拝に不便である、などとの理由に因る移転であった。

ところで、全国の官軍（西軍）戦没者を祭神とする東京九段の**東京招魂社**の創建は、明治二年六月であった（遺骨なし）。後の**靖国神社**（別格官幣社）であるが、同社は長州藩士で「日本陸軍の父」といわれた、軍務官副知事の**大村益次郎**（周防村医嫡男、後の兵部大輔・子爵、明治二年一一月暗殺される）らにより創建された。

靖国神社の菊花紋章を付した「神門」

同社は皇居の乾（西北）の方角の**「神門」**に位置し、皇居を守護していることになる。同社には「官軍」戦没者のみがカミとして祀られ（最初の合祀は**三五八八柱**）、慰霊・顕彰の対象となり、かつ「忠魂」が皇居を守る形となった。これは全国を網羅する「人神信仰」の成立となった。後に『靖国神社忠魂史』（全五巻）が刊行（昭和一〇年九月）されるが、同書によって、靖国神社の祭神が文字通り「忠魂」であることが明言されたのである。

一方で、「錦の御旗」「天皇の軍隊」に刃向かった、既述の彰義隊士や会津藩士らの旧幕府軍（東軍）戦没者、つまり「朝敵・賊軍」戦没者は同社の祭神から排除されていく。また、後の全国の対外戦争戦没者も合祀されていくことになる。やはり祭神は無限に増えていくのである（現在の祭神数は**二四六万余柱**）。

大村益次郎銅像（靖国神社）

明治二年七月には、兵部省が東京招魂社の年四回の例大祭を定めた。いずれも「官軍勝利の日」であったが、とくに九月二二日の「会津落城降伏日」は、意図的に「天長節」（天皇誕生日）に重ね合わせたものと考えられる。その後、九月の例大祭は九月二三日に変更されるが、既述

「大垣　戦死二十人墓」
（会津［東明寺］西軍墓地）

の館林招魂祠の創建月日は、この東京招魂社の例大祭日に付合するのである（明治五年までは旧暦）。このように戦没者慰霊に関しても、中央と地方は太いパイプで繋がり始めることになる。現在、靖国神社の参道には、上野の彰義隊を睨む**大村銅像**が建立（明治二六年）されている。

なお、会津戊辰戦役における戦没者の埋葬・処置に関しては、筆者も現地調査をもとに論及しているが（森岡・今井 1982、今井 2005・2013）、近年では野口信一（2017）によって異論が提出された。つまり、会津落城後の西軍による東軍戦没者への「埋葬禁止令」は虚構であり、落城後の翌一〇月には西軍から「埋葬許可」が通達され、東軍戦没者**五〇〇名以上**が埋葬されていた、というものである。これは従来の定説を完全に否定するものである。

同戦役での**東軍戦没者は約三〇〇〇名**、西軍戦没者はその一割の約三〇〇名とされている。『新訂　会津歴史年表』（2009）によれば、明治元年「一〇月二日　民政局死体埋葬に関する命令書を出す」と記されているものの、残念ながらその具体的な内容は不詳である。西軍は早くも同一〇月に、**会津西軍墓地**に「**大垣　戦死二十人墓**」を建立しているが（表1参照）、もしもこの「命令書」が、東軍への「埋葬許可書」であるとするならば、当然定説は修正されなければならないだろう。阿部隆一（歴史春秋社）によれば、今のところこの「命令書」は現存しておらず、西軍民政局が置

安達太良山「母成峠の戦い」（慶応4年8月21日）における「戊辰戦役東軍殉難者埋葬地」
（現地「案内板」によれば、東軍戦没者は88名とされ、西軍はその遺体埋葬を許さなかった。しかしこれを見かねた付近の村人が、西軍の眼を盗んで遺体を仮埋葬したという。福島県猪苗代町）

会津妙国寺の「白虎隊士自尽仮埋葬地」
（地元の肝煎吉田伊惣次の妻左喜は、飯盛山で自害［8月23日］した白虎隊士の遺体数体を、人夫を使って自家の菩提寺に埋葬したという。しかしこれが西軍に知られ、埋葬された遺体は再び野に投棄されたという。会津若松市一箕町）

かれた大町融通寺（当初の西軍墓地造営地）に一文面が布告されたと、口伝されているだけだという。

また、もし東軍の一部が埋葬されていたとしても、城下市街（郭内・郭外）での埋葬作業が中心であったと推測され、郊外の村落・山野などでの場合とは、区別をして考えなければならないだろう。あるいは西軍の方針とは無関係に、例えば**飯盛山の少年白虎隊士**のように、その惨状に涙した地元の農民らにより、自主的な**「葬済」**（既に埋葬済み）が行われていた事例が記録されている。こうした埋葬の事例は、各地で多数あったのではなかろうか。

したがって「葬済」の事例も、埋葬禁止を否定する資料・根拠のなかに混在しているように思われる。さらに付言すれば、管見によると、会津落城直後から会津一円には「世直し一揆」（ヤーヤー一揆）が発生し、年末まで拡大していったという混乱のなかにあり、またすでに降雪の季節に入り、埋葬作業は困難になっていったはずである。いずれにしても、更なる再検証が必要であろう。

既述の招魂祠・招魂社（後の護国神社）は、全国各地で創建されていくが、官費により経営される官祭招魂社と、私費により賄う私祭招魂社とに二分された。東京招魂社は官祭であり、館林招魂祠は当初私祭であったが、既述のように、両社に戦没者の遺骨は納められておらず、国（天皇）のために命を捧げた「忠義なる戦没者の魂」、つまり「忠魂」（英霊）のみが祀られた。館林招魂祠の祭神も「忠魂」に他ならないのである。

ただし全国的には、招魂墳墓として、東京招魂社よりも約一年前に創建された**京都霊山**《りょうぜん》**招魂社**（後

霊山招魂社（京都霊山護国神社）

坂本龍馬（左）と中岡慎太郎（右）の墓碑（同上）

の**京都霊山護国神社**、京都市東山区）や、明治二年の「己巳戦役」（箱館の戦い）の官軍戦没者を祀る**箱館招魂社**（後の**函館護国神社**、函館市）、および**檜山（江差）招魂社**（後の**檜山護国神社**、北海道檜山郡江差町）などには、戦没者の「忠魂」と共に遺体も埋葬されている。とくに「幕末の志士」たちが眠る霊山招魂社は、全国の慰霊センターとして予定されていたのであるが、これは東

京都霊山護国神社

函館護国神社入口の新政府軍（官軍）墓地

檜山護国神社境内の西軍戦没者墓碑

同上の「忠魂碑」

京遷都により東京招魂社に代わることになる。明治六年頃には、全国の招魂祠・招魂社（招魂場）数は一〇〇社を超えたという。

明治新政府にとって、近代の中央集権体制の構築が急務となるなかで、旧幕藩体制から脱却するため、まず廃藩置県は重要であった。明治新政府の支配権が全国的に展開するのは、この廃藩置県からである。

上州ではとくに財政困窮に悩んでいた吉井藩（矢田藩、譜代一万石、陣屋跡は高崎市吉井町）が、早くも明治二年一二月に廃藩している。同藩主松平氏は参勤交代のない定府大名であったが、第十代松平（吉井）信謹《のぶのり》は上州諸藩に先駆けて版籍奉還した。これは河内狭山藩（外様一万一〇〇〇石、大阪府大阪狭山市）と共に、全国的に最も早い廃藩事例になったという。また軍事に関しては、旧来の武士（藩兵）の力に依存するのではなく、「国民皆兵」を目的とした徴兵制度は、政府が掲げた「富国強兵」政策を根底から支えていくことになり、近代の新たな戦没者の創出と関連していくことになる。

新政府は明治四年二月、「維新随一の功臣」とされた薩摩藩士の西郷隆盛（大山巌と従兄弟、後の参議・近衛都督・陸軍大将）の加担により、薩摩（外様、内高は八六万七〇〇〇石）・長州（外様、三六万九〇〇〇石）・土佐（外様、二〇万二六〇〇石）の三藩から、「御親兵」（後の近衛兵）として兵士を召し出し、兵部省の管轄に入れるように達した。こうして、歩兵九個大隊（後に七個大隊）基幹の御親兵一万一六〇〇名が東京に置かれたのである。ここに近代日本最初の「国軍」「国民軍」

が創設され、この武力を背景として、同年七月の廃藩置県（当初は三府三〇二県が誕生）が実施されることになる。

三　鎮台設置と徴兵令発布

江戸での官軍（西軍）の勝利が確定した、「戊辰上野の戦い」直後の慶応四年五月一九日、新政府は旧幕府の三奉行（寺社・町・勘定）を廃止し、江戸鎮台を設置して軍政機関とした。そして翌六月には、占領した江戸城西の丸で、四～五月の戊辰戦役官軍戦没者の招魂祭を執行している。その祭文では、自軍を「皇御軍《すめらみいくさ》」、旧幕府軍（東軍）を「道不知醜の奴《みちしらぬしこ》」と称していた。その後、江戸を東京と改称したのは翌七月、明治への改元は九月である。

戊辰戦役後の奥羽地方は、「薩長土肥」を中核とした新政府の統治下に入ったものの、同地方は今だに「朝敵・賊軍」「反政府軍」の地で、政情不安で難治な地方であった。これを苦慮した政府は明治二年二月、「奥羽人民告諭」を布達し、続発する一揆・騒動の沈静化を図ろうとしたが、当然のことながら、こうした布達などでは容易に現実の問題解決に至ることはなかった。同七月には兵部省が発足し、実際の長である兵部大輔は大村益次郎であった。

兵部省は、翌三年一〇月に兵制統一布告をして、「海軍は英式、陸軍は仏式」と定めた。そして、廃藩置県を前にした四年四月二三日には、東北の治安対策を主眼として、三陸石巻（宮城県石巻市）

に東山道鎮台を設置し、分営は盛岡・福島に置かれた。また、薩長への防衛や不平士族・農民騒擾等の対策として、九州小倉城（小倉藩は譜代一五万石、城址は北九州市）に西海道鎮台が設置され、分営は博多・日田に置いた。この両者が明治最初の本格的な「鎮台」であり、軍団（陸軍部隊）が入営し鎮台兵が誕生したのである。兵員は諸藩の常備兵が配置されたという。

ところが、廃藩置県後の四年八月二〇日には、全国諸藩の常備兵は解体されて四鎮台となった。つまり東北（仙台）・鎮西（小倉）の二鎮台に、東京・大阪の二鎮台が加わり、当初の東山道・西海道の両鎮台は廃止された。ここに四鎮台本営・分営の常備兵として、約八〇〇〇名が新たに編成されたのである。例えば、仙台藩常備兵は東北鎮台常備兵となった。また、東京鎮台（司令部は皇居北の丸、後の第一師団）の場合、分営は「官軍」であった**越後新発田城址**（新発田藩は外様一〇万石、新潟県新発田市）に一大隊が置かれたが（新潟分営とも）、鎮台は依然として、「朝敵・賊軍の巨魁」の地であった会津を睨んでいたという。他方、同九

新発田城址

月には海軍条例が施行され、海軍部が設置されている。

さらに翌五年二月には、兵部省が廃され陸軍省・海軍省が新設され、三月には既述の「御親兵」も廃止されて、近衛条例と鎮台条例が制定された。これに伴い、天皇と皇居を守護する、新設された天皇親衛軍の近衛兵は、皇居北の丸（千代田区北の丸公園）に入営し、天皇所有の軍隊（天皇直隷）となった。他方で、内国綏撫《すいぶ》・人心鎮圧を任務とする鎮台兵は、中央政府の軍隊（陸軍卿に直属）とされた。ここに二種の陸軍が誕生し、この二元兵制が徴兵令制定により成立することになる。

国民皆兵主義にもとづく徴兵制は、明治三年一一月の「徴兵規則」にその思想的萌芽を見い出せるという。ただし、この条文のなかでは「徴兵」ではなく「選挙」の用語を使用していた。同規則制定の背景としては、とくに同年以来、全国的に猖獗を極めていた農民騒擾が一向に終息の気配がなく、新政府はこれを鎮圧する必要に迫られていたという。明治初年から一〇年までの全国の農民騒擾は、五〇八件を数えている。

そして五年一一月、天皇により「全国募兵ノ法ヲ設ケ、国家保護ノ基ヲ立テントス」と明記された、「徴兵ニ関スル詔勅」および「太政官告諭」（徴兵告諭）を以て、徴兵令の公布を宣言した。つまり翌六（一八七三）年一月一〇日、「徴兵令」（徴兵編制並概則）が兵制改革と合わせて布告されたのである。

同令の「緒言」では、

賦兵ナル者ハ全国丁壮ヲシテ兵役ヲ帯ハシメ陸軍ノ兵員ヲ充タシ其内沿海ノ住民舟揖取波涛ニ
慣レシ者ヲ以テ海軍ノ兵員ニ充ツ

と規定していた〔大濱 1978〕。つまり同令は、

満二〇歳の男子を徴し、抽によって三年の全日制勤務に服させる常備軍、常備軍三年を終わったのち年一度の短期勤務に服させる二年間の第一後備軍、第一後備軍を終わったあと勤務義務のない二年間の第二後備軍の、合計七年間の兵役義務を定めた。このほか、満一七歳から四〇歳までの男子で免役されたもの以外のすべてを、国民軍の兵籍に登録した

というものであった〔大江 1981〕。これはやがて「国民の三大義務」の一つとされていく。

この徴兵令に先立ち一月九日には、全国が六軍管に分割され、従来の四鎮台に名古屋・広島の二鎮台が増設され六鎮台となっている。この折、東北鎮台は仙台鎮台に、鎮西鎮台は熊本鎮台に変更された。こうした当初の兵役は、常備軍・後備軍・国民軍の三軍からなり、兵科は砲兵・騎兵・歩兵・工兵・輜重《しちょう》兵の五科に分かれていた。

このうち輜重兵とは、戦闘ではなく物資輸送を専門とする兵（輸送兵）であった。日本陸軍の特性は、騎兵・歩兵などの正面戦闘兵科を重視するあまり、後方支援兵科を軽視する傾向があったか

ら、輜重兵は軍隊内で差別されていくようになる。後に「輜重輸卒が兵隊ならば、蝶々トンボも鳥のうち」と謳われ、軽蔑されたのである。常備兵は、徴兵検査合格者のなかから「抽籤」（くじ引き）によって選ばれ、兵役義務は七年間であった。

同令制定の中心人物は、既述の大村が暗殺された後にその遺志を継いだ、同じく旧長州藩士で陸軍大輔に就任した山県有朋（陸軍中将、後の大将・首相・公爵・枢密院議長）であった。ただし、既述のように同令は陸海軍の兵員に言及していたものの、実際は陸軍兵（鎮台兵）の徴募に関してのみ規定していた。それは軍備の目的が、「所管鎮台ニ備ヘテ以テ地方ノ守備ニ充ツ」とあるように、既述のように農民騒擾や士族の反乱等の、国内の争乱鎮圧を主たる課題としたため、真っ先に陸軍の充実が急務とされたからであった。

一方で同令は、「常備兵免役概則十二か条」などによって、広範囲な兵役免除が認められていた。例えば、代人料二七〇円を納入すれば免役になり、また、官吏・学校生徒・戸主・嗣子なども免役とするなど、その規定はかなり広く、およそ国民皆兵とはほど遠い内容で、極めて複雑な性格を帯びていたという。以来、同令は何度も改正されていくことになるが、やがて日本の敗戦となる昭和二〇（一九四五）年八月までの七三年間にわたり、徴兵制は存続し、日本の丁壮（壮年男子）は、この首かせに拘束されていくことになる。

最初の徴兵は、実は東京鎮台管下だけで行われた。明治六年末の陸軍総兵力は、近衛兵・鎮台兵を合わせて歩兵二三大隊、騎兵二大隊、砲兵三大隊・三砲隊、工兵二小隊、輜重兵一小隊で、総員一万六二六八名に過ぎなかったという。六鎮台全部で徴兵が実施されたのは、二年後の明治八年であった。徴兵令の全国的実施当時の毎年の徴兵人数は、一万名前後であったという。当時の軍隊と社会との接触面は、それほど広いものではなかったのである。鎮台兵もまた、その実力が疑われ、「鎮台兵がさむらいならば、蝶々トンボも鳥のうち」と揶揄されるようになる。

このような徴兵に対して、兵役を賦役の一つと考えた国民のなかから、「徴兵反対一揆」が続発した。この一揆は、既述の「徴兵告諭」のなかで、徴兵とは、生身から血を絞り採り税として納めるもの（血税）、と人々が誤解したことから「血税一揆」と呼ばれたのである。血税一揆は明治六〜七年にかけて、とくに西日本で多発しているという。とりわけ農民の一方的な負担義務に対する反発であった。時に数万、あるいは数十万の農民大衆を巻き込んだ大暴動に発展した。幕府を倒したのは西国諸藩が中心であったが、維新後に、その西国の農民たちが新政府に対して不満を爆発させたことは、大変に興味深い。何がそうさせたのであろうか。

この鎮圧には鎮台兵が出動し、あるいは士族を召集して出動させている。同時に既述の徴兵免除のほかに、「戸籍の改ざん」などによるものや、最も特殊なものは、自ら進んで犯罪を犯し徴兵を免れる、「徴兵逃れ」「徴兵忌避」もあったという。こうした風潮は全国に広まっていった。この混乱は明治一〇年代まで続き、本県では徴兵忌避が罪科に当たることを強調した、「兵役忌避ニ関スル告諭」（明治一六年一〇月二日）を発し、県民に喚起している。

ところで戦没者慰霊に関しては、明治八年四月二四日、太政官が「招魂社経費並墳墓修繕費定額ニ関スル件」（太政官達第六七号）を各府県に発した。これによって、招魂社や戦没者墳墓の維持・修繕費は国庫から支給されることになり、全国約三〇ヶ所の招魂場（招魂祠・招魂社）は、政府の統制下に組み入れられていく。その支給額は、招魂社に関しては一社あたり年額四五円とされ、そのうち二〇円は祭祀費で、別に神饌料として一社あたり金五〇円を支給することとした。

また内務省は八年一〇月一三日、旧薩摩藩士で西郷とは「竹馬の友」であった、初代内務卿大久保利通（明治一一年五月暗殺される）の名を以て、東京府を除く各府県に対し、招魂場等の名称は全て「招魂社」に改称するよう通達している。

「官祭館林招魂社」碑（邑楽護国神社）

こうした動きに先立ち、館林招魂祠は八年五月に**官祭館林招魂社**と改称し、官費で祭祀が行われるようになり、東京招魂社の地方分社（末社）として正式に位置づけられた。やがて館林招魂社には、邑楽《おうら》郡館林町（昭和二九年四月市制施行）を始めとした、邑楽郡出身の対外戦争戦没者

高崎城址

も合祀されていき、「邑楽・館林の靖国」あるいは「地方の靖国」「地域の靖国」として、その機能を拡大していった。これが現在の**邑楽護国神社**（館林市代官町）である。昭和四四年四月の「明治百年記念大祭」の時点で、同社の祭神数は**三三六七柱**と記録されている。このように近代の戦没者は、国や地域社会において重層的に祀られていくのである。

上州ではすでに「戊辰上野の戦い」の翌六月に、旧幕府直轄領を中心に新たに岩鼻県（上州全域と武州六郡の二六万石余、県庁は岩鼻陣屋跡〔高崎市〕）が設置された。同県の「軍監兼当分知県事」に任命された大音《おお と》龍太郎《りゅう たろう》（父は関守）は、彦根藩士（彦根藩は譜代約三〇万石、城址は滋賀県彦根市）で、江戸鎮台府雇の元上野《こうずけ》巡察使であった。大音は圧政を施いて、農民らに対して処刑を厭わなかったため「首切り龍太郎」と恐れられることになる。

そうした大音も、半年後には罷免されることになるが、廃藩置県により「第一次群馬県」が成立（明治四年一〇月二八日、県令は旧福井藩士青山貞）すると、県庁は**高崎城址二の丸**（旧高崎藩は譜代八万二〇〇〇石、高崎市高松町）に置かれた。ただし、この際に東毛《とうもう》三郡（山田・新田・邑楽）は栃木県に編入されている。この「第一次群馬県」が誕生した一〇月二八日は、後に「群馬県民の日」となるが、当初の県名は「群馬郡」に由来した群馬県ではなく、「高崎県」が有力であったという。

当時の高崎（明治三三年四月市制施行）は、まだ旧藩士の居宅が残り、中山道（「五街道」の一つ）や、脇往還であった三国街道（高崎から越後寺泊間、「佐渡路三道」の一つ）が交差する、交通の要衝であった。戦略上も重要視されていたのである。ただし、高崎の県庁役場は建物や敷地の関係で分散せざるを得ず、業務上不便であったという。

明治五年一月、高崎城址は兵部省の管轄下に入り、既述のように、二月に兵部省が廃されて陸軍・海軍両省が新設されると、同城址は陸軍省により兵営として整備されることになった。高崎の軍事的重要性が優先されたのである。これにより、県庁はより広い敷地や利便性を求めて前橋城址（旧前橋〔廐橋〕藩は家門一七万石、前橋市大手町、前橋は明治二五年四月市制施行）に移った。そして既述の六鎮台設置によって全国一四師管（一歩兵連隊ごとに一師管）となり、徴兵令が制定されたのである。

四　高崎兵営と陸軍埋葬地の創設

近代日本のスローガンは何よりも**「富国強兵」**であり、欧米列強と一刻も早く肩を並べるため、政府はこの目標達成に向けて邁進することになった。それは新たに誕生した、「大元帥」たる明治天皇（睦仁《むつひと》、孝明天皇第二皇子、慶応三年一月践祚）の存在に象徴されることになるのだが、本県では高崎に陸軍部隊が創設されることになり、この目標達成の一翼を担うことになる。**「大日本帝国」**の幕開けである。

高崎への陸軍部隊の設置過程は大変複雑で、実際には不詳な点が多いという。明治六年一月の「徴兵令」布告後の四月、既述の新発田と、庄内（旧庄内藩は譜代一三万八〇〇〇石）・米沢（旧米沢藩は外様一八万石）・富山（旧富山藩は外様二二万石）の、東北・北陸の旧藩兵からなる新潟第八大隊の半隊が高崎営所（屯営、高崎城址）に入る。また、東京に駐屯していた旧鳥取藩兵（旧鳥取藩は外様三〇万石）の一部と、信州上田（旧上田藩は譜代五万三〇〇〇石）にあった旧佐賀藩兵

「富国強兵（為御即位記念）」碑
（大正4年11月10日建立、前橋市上佐鳥町・春日神社）

「大日本帝国　境界」標石［模造］
（札幌市・北海道神宮）

（旧佐賀藩は外様三五万七〇〇〇石）主体の東京鎮台分営からも、幹部が高崎に入営したとされている。こうして高崎営所は、東京鎮台管下の一大隊規模の分営（東京鎮台第一分営）となり、「歩兵第九大隊」と命名されて独立大隊となった。これが高崎歩兵連隊の起源であり、「軍都高崎」の誕生であった。

ところが翌七年、第九大隊は早くも東京に転営し、同一〇月には、高崎に歩兵第二十九大隊が駐屯するが（第二十七大隊は佐倉、第二十八大隊は宇都宮）、同隊は三ヶ月ほどで解散となった。そして翌八年二月には、新たに歩兵第三連隊第一大隊が高崎に置かれることになる。こうした改編は、九州方面での一連の「不平士族の反乱」等に対応するためであったという。政府が九州の軍事拠点であった、熊本鎮台の兵員増強を図った影響によるものである、とされている。

横山篤夫によれば、既述の徴兵令は国民皆兵主義のもとで、兵役は男子の義務と謳いながら、実際に兵役に従事したのは、多くは貧農の次男以下であったという。その数は徴兵適齢者の三〇分一に止まった。既述のように同令には多くの免役規定があった。徴兵されると僅かな手当は支給されるが、三年間の兵役に服することが義務づけられた。しかし、徴兵されたのは一家の働き手であった者が多く、徴兵を忌避する風潮は社会に根強かった。「兵隊に行く」というよりも、「兵隊に取られる」という言い方が一般的であったという。そして、「良兵即良民」とされていった。

また、加藤陽子は最も早い事例として、「明治五年十一月　至同七年十二月　徴兵令長野県施行状況沿革」をもとに、長野県の第一軍管下（東京鎮台）の地域で実施された、徴兵検査・徴集の様相を次のように紹介している〔加藤 1996〕。

最初の徴兵検査は二月二三日から着手され、二七日に終わっている。受検総員（A）は八四九人。そのうち合格者は一九一人で受検者の二二・五パーセントにあたる。合格者を対象に兵種ごとに抽籤がおこなわれ、常備兵（B）一四〇人、補充兵五一人が選ばれている。受検総員のうち常備兵の率B―Aは一六・五パーセントとなる。常備兵は東京鎮台や高崎営所に入営することになった

高崎では、既述の第九大隊発足に伴い、高崎兵営内に傷病兵を対象とする病室が設置された。当初は高崎分営重病室（明治二一年五月まで、後の高崎衛戍病院）と称された。後の高崎陸軍病院・国立高崎病院で、現在の高崎総合医療センターの起源である。またこれと共に、兵営近くには「陸軍埋葬地」、つまり後の「陸軍墓地」が設営された。原田敬一のいう「軍用墓地」の始まりであり、この軍用墓地には海軍埋葬地（後の海軍墓地）も含まれることになる。

日本で最初の陸軍埋葬地は、大阪城南側の出城（真田丸）跡付近に明治四年四月に設営された、**大阪真田山陸軍兵隊埋葬地**（後の**真田山陸軍墓地**・大阪靖国霊場・大阪靖国軍人墓地、大阪市天王寺区玉造町）であった。大阪には大阪鎮台（後の第四師団）が設置され、同埋葬地は宰相山（真田山）という小さな丘陵にある。その創設は、明治三年一二月に大阪兵学寮（後の陸軍士官学校）の

生徒であった、下田織之助（山口県出身の神職、元第二騎兵隊員、二五歳）が死亡（死因不明）したことを、直接の契機とするようである。下田の死が、訓練中のものであったかどうかも明らかではないというが、翌年、下田は同地に埋葬された。また将兵以外の、**軍役夫（軍夫）**等の墓碑が多数（**九三四基**）残されているのも、特徴的であるという。

軍役夫等の墓碑が並ぶ大阪真田山陸軍墓地

当初の同地敷地は、横山篤夫によれば約八五〇〇坪と、大規模なものであった。後に小学校敷地として約三〇〇〇坪が割譲されることになる。埋葬者の葬法の実態は不詳というが、当初は火葬ではなく、土葬であったのではないかという。同地には、西南戦役以前（明治九年末まで）に死没した者の墓碑が**二五七基**、また西南戦役関係と推測される墓碑として、**九六八基**が確認できるという。内戦の戦没者も埋葬されたのである。

陸軍省は明治六年一二月、初めて「下士官兵卒埋葬一般法則」を制定し、墓標は木柱が原則だが、軍の規定の費用以下なら石柱建立も許可した。こうして全国の陸軍埋葬地には、安価な石材による墓碑の

音羽陸軍墓地

同上の「多宝塔」

建立が普及することになる。

同地にはまた、戦中の昭和一八年八月に大阪府仏教会により「仮忠霊堂」が建立され、「支那事変」（日中戦争、昭和一二年七月勃発）以降の戦没者、**一一五柱**の遺骨が納められたという。これが現在の「納骨堂」である。同地は後に空襲により被災し、現在の墓域は四五六八坪余と、当初の敷地より半減したが、**五三〇〇余の墓碑**が現存するという。同地は現在、「ＮＰＯ法人旧真田山陸軍墓地とその保存を考える会」によって維持管理されている。

「帝都」東京では、五代将軍徳川綱吉の生母桂昌院（徳川家光側室）の開基とされ、「将軍家の御祈祷寺」であった音羽《おとわ》護国寺（真言宗豊山派大本山、文京区大塚）境内に明治六年五月、**音羽陸軍兵隊埋葬地**（後の**音羽陸軍墓地**）が創設されている。同地は皇居の真北で、その敷地は、既述の真田山埋葬地を超える一万一四坪余に及んだ。東京市ヶ谷（新宿区）に陸軍士官学校（陸士）が仮設されたのは同八月であったが（同校は昭和一一年に南多摩地区〔神奈川県座間市〕に移転）、同埋葬地は、近衛その他の在京部隊のための埋葬地であった（敗戦時は五五〇〇坪、異説あり）。

さらに日清戦役後の明治三五年一一月には、同地の**「多宝塔」**に同戦役日本軍戦没者の遺骨が納められた。いわゆる「合葬墓」であり、これが「忠霊塔の元祖」であるとされている。本来、多宝塔とは、『法華経』にいう釈迦・多宝の二仏を安置する塔であるが、真言宗では、本尊の大日如来を祀る塔になったという。同地は「忠霊塔発祥の地」でもあったのである。個人墓碑は**二四〇〇基**を数えたという（現在の墓碑は**四〇基**ほど）。

また、同地には明治六年九月、二万余坪の豊島岡皇室（皇族）墓地（豊島岡御陵）も設営され、以来、天皇・皇后以外の皇族が埋葬されることになる。後述する熾仁《たるひと》親王や嘉彰《よしあき》親王も、同地に埋葬された。現在は宮内庁の所轄である。

一方、海軍に関しては六年一月、東京品川に近い白金台町（港区白金）の松平丹波（旧信州松本藩主）邸跡地に、六〇七〇坪の海軍埋葬地（葬儀場、後の白金海軍墓地）が設営された。同地への埋葬者は**五九五名**といわれている。現在の明治学院大学の敷地の一部と、その隣接地（現在地）であり、「納骨堂」が建立されているという（敗戦時は二六九五坪）。

本県では、既述の高崎第九大隊の発足により、陸軍の要請によって、兵営南方の**竜広寺**（曹洞宗、高崎市若松町）の住職謙光は、同寺境内の一部（畑地）を陸軍省用地として軍に寄付したという。

竜広寺山門

現在の高崎陸軍墓地から、西方の烏川・高崎観音山方面を望む。左側に見えるのが聖石橋

つまり手島仁らによれば、「所謂高崎十景の一たる景勝の地を陸軍墓地として寄贈せり」という。これが**高崎陸軍埋葬地**（後の**高崎陸軍墓地**）の起源であった。ただし、「高崎十景」ではなく「高崎八景」は確認できるというが、同寺はこの八景には該当せず、同寺段丘下にある「聖石の渡し」が「高崎八景」の一つであったという。明治九年一一月時点で、同埋葬地敷地は三反（九〇〇坪）

高崎陸軍墓地

同上

余であった。また同寺は、他の寺院に比して最も多く高崎部隊の仮病室として使用されている。

五　埋葬者の実態

現在、竜広寺境内には陸軍墓地が確認できる。現在の墓域は九五一坪で、戦前の敷地の四分の一に縮小しているというが、**個人墓碑二五七基・合葬墓碑四基**が現存している。ただし、敗戦後の墓域の縮小に伴い、墓碑は当初の順番通りではなくランダムに移されたようで、建立年月日がばらばらに林立している状態である。

高崎陸軍墓地

個人墓碑に刻まれた将兵の出身府県は、長野七八名・新潟三九名・**群馬三七名**・埼玉二八名・栃木一五名と、この五県で全体の八割以上になるという（三七基は不明）。出身者は本県ではなく、長野県が最も多いことになる。また、出身府県は一府一七県に及び、全府県の四割以上にあたるという。これにより、埋葬者は信越および関東の出身者が大多数であったことがわかる。また既述のように、当初の埋葬者は土葬されたのであろう。

表2　明治初年から10年までの高崎陸軍埋葬地での墓碑建立状況

没年月日	墓碑銘	出身地等	没年齢等	備考
6・9・19	濱田邦昌之墓	北越新潟県貫属士族上越新発田之産	21歳（死因不明）	士族。第一大隊に所属し伍長
6・10・10	中澤高成之墓	北越新潟県貫属士族上越新発田之産	19歳（病没・病名不明）	士族。高崎屯営第九大隊に所属し一等兵旗手。高崎で罹病し死亡。戒名は「高顕院大道速成居士」
6・11・3	陸軍中尉石井寛直之墓	紀州和歌山県之人	25歳（病没・病名不明）	明治4年10月陸軍中尉心得。翌5年1月陸軍中尉となり第十五番大隊付。翌6年3月第九大隊付となり4月高崎営所に赴任。10月罹病し治療するが翌月死亡
6・11・11	近藤浅吉之墓	長野県管下信濃国埴科郡森村農（民）次男	19歳（病没・病名不明）	農民。明治六年徴兵召集。東京鎮台高崎屯営第九大隊第五番中隊入隊し後に病没
7・8・18	平方丑吉之墓	新潟県管下越後国岩舩郡岩石村之産	20歳（病没・脚気）	東京鎮台第九大隊第二中隊編入。脚気となり伊香保温泉仮養生所で治療中に病死。戒名は「固有良兵居士」
8・8・16	藤井兵六墓	新潟県商（人）	22歳（死因不明）	商人。東京鎮台歩兵第三連隊第三大隊第四中隊
8・8・24	浅川太郎吉之墓	熊谷県下武蔵国新座郡溝沼村	20歳（病没・脚気）	東京鎮台歩兵第三連隊第二大隊第二中隊。明治7年後常備兵第九大隊編入。翌8年3月二等兵卒となるが同7月脚気となる。伊香保温泉で湯治治療するが同所で病死
8・9・7	市川保蔵之墓	熊谷県下上野国甘楽郡大塩沢村農（民）東三郎長子	23歳（病没・脚気）	農民。現在の群馬県出身。東京鎮台歩兵第三連隊第一大隊第三中隊上等兵。明治7年4月30日第九大隊編入。翌8年3月二等兵卒となるが同年8月脚気となる。伊香保温泉仮養生所で治療するが翌9月没
8・9・15	桒房吉之墓	長野県管下信濃国佐久郡□□村産	22歳（死因不明）	東京鎮台歩兵第□連隊第一大隊第四中隊生兵。明治8年9月□□病院で死亡
8・10・7	陸軍伍長高橋信義之墓	新潟県士族旧新発田藩出身	27歳（病没・脚気）	士族。明治4年廃藩置県に際し東京鎮台第一分営越後国新潟八番大隊に徴集。6年4月高崎第九大隊附。翌7年8月東京転営、同12月越後新発田に転営。翌8年8月脚気となり治療するが歩兵第三連隊第一大隊病室で死亡

9・10・13	歩兵第三連隊第一大隊第三中隊　兵卒加藤戈次郎墓	群馬県農（民）	23歳 （死因不明）	農民
9・10・14	歩兵第三連隊第一大隊第三中隊　兵卒高橋森五郎墓	群馬県農（民）	23歳 （死因不明）	農民
9・10・18	歩兵第三連隊第一大隊第四中隊　兵卒山田伴七墓	山梨県農（民）	24歳 （死因不明）	農民
9・10・20	東京鎮台歩兵第三連隊第一大隊第二中隊　兵卒佐藤喜蔵墓	長野県信濃国小県郡小島村農（民）	？ （死因不明）	農民
9・10・21	東京鎮台歩兵第三連隊第一大隊第二中隊　兵卒田島長三郎墓	埼玉県下武蔵国大里郡熊谷駅仲町ユ	23歳 （死因不明）	
9・10・27	歩兵第三連隊第一大隊第一中隊　生兵佐藤松五郎墓	新潟県農（民）	20歳 （死因不明）	農民。生兵
10・1・30	松谷勝治墓	？	？ （死因不明）	
10・8・18	歩兵二等卒丸橋秋二郎墓	群馬県下上野国吾妻郡川戸村次三郎二男	22歳 （死因不明）	東京鎮台歩兵第三連隊第一大隊第三中隊二等兵卒。高崎陸軍営舎内で□死
10・8	歩兵二等卒佐藤梅吉墓	長野県信濃国高井郡小布施村平民	？ （死因不明）	平民。東京鎮台歩兵第三連隊第二大隊第□中隊

表2は、明治初年から一〇年までの高崎陸軍埋葬地での墓碑建立状況で、手島・西村（2003）をもとに作成した。全て個人墓で、明治六年四基・七年一基・八年五基・九年六基・一〇年三基と、**全一九基**確認できる。このうち、埋葬された将兵は一九～二七歳の青年であった。また彼らの出身県は、不明の一基以外では新潟六名・長野四名、そして現在の本県が四名（明治八年一名・九年二名・一〇年一名）・埼玉二名・和歌山一名・山梨一名となっている。とくに新潟県出身者が多いのは、既述の新潟第八大隊との有縁からであろう。

陸軍伍長「濱田邦昌之墓」（左）と「中澤高成之墓」（右）

　このように、同地で最も古い墓碑は、**明治六年没の四基（四名）**であり、このうち二基は、越後新発田士族出身兵士のものである。他の二基は、紀州和歌山県出身の将校（中尉）と、信濃国農民出身兵士の墓碑である。この最初の四名のなかに本県出身者はいないが、彼らは戦没者ではなく、同六年に入営中病没した将兵であるという。当初は脚気患者が多かったとされている。

　表2から最初の死没者は、明治六年九月に二一歳で没した（死因不明）、**陸軍伍長濱田邦昌**であるが、翌

「陸軍伍長高橋信義之墓」（中）と「陸軍中尉石井寛直之墓」（右）

一〇月没の「**中澤高成之墓**」には、

北越新潟県貫属士族新発田之産□也奉□命第九
大隊為一等兵旗手上毛高崎営所役中罹病明治六
年癸酉十月十日没十九歳

と刻まれている〔手島・西村 2003〕。

中澤は濱田伍長と同様に新発田士族出身で、第九大隊「一等兵旗手」であったが、高崎入営後に一九歳で病死（病名不明）した。濱田伍長の戒名は不詳であるが、士族ゆえであろうか、中澤の「戒名」には院号が付与され「高顕院大道速成居士」と記されている。遺族は、早くに兵士となり他界した青年の死を悼んだのであろう。

また、既述の四名のなかでは唯一の将校であった、明治六年一一月没の「**陸軍中尉石井寛直之墓**」には、次のようにある〔手島・西村 2003〕。

石井寛直者紀州和歌山県之人也（中略）同年（明治六年）四月四日赴任于上州高崎之営所□□
同年十月十七日罹病痾薬石不得其効遂以十一月三日没享年二十有五三月

和歌山県出身の石井中尉は、士族ではなかったようであるが、高崎に赴任して罹病した。病名不明であり、投薬などの治療を施したものの効果はなく、二五歳で亡くなったことがわかる。現在の同墓地の埋葬者のなかで、和歌山県出身者は石井のみであり、また石井は全体で唯一の将校となった。

同じく一一月没の「**近藤浅吉之墓**」には、

長野県管下信濃国埴科郡森村農元左衛門次男近藤浅吉明治六年癸酉年徴兵召集ニ応同年六月五日東京鎮台高崎屯営第九大隊江入台第五中隊江編入右役中同年十一月十一日病没ス時于十九歳九ヶ月

と記されている〔手島・西村 2003〕。

左から「生兵佐藤松五郎墓」「近藤浅吉之墓」「兵卒山田伴七墓」「松谷勝治墓」「平方丑吉之墓」

陸軍上等兵「市川保蔵之墓」（中央）

近藤は長野県の農民出身で、明治六年に徴兵召集され、同年六月に高崎第九大隊に入営する。しかし、入営後に発病（病名不明）し、既述の中澤と同様に一九歳で亡くなった。現在、両者は同地埋葬者のなかで最年少である。

さらに**翌七年没の墓碑一基（一名）**、つまり**平方丑吉**は新潟県出身である。士族ではなかったようであるが、明治六年一一月に応召した。第九大隊に所属するが、脚気となり、草津温泉仮養生所で治療するも翌年八月、二〇歳で病没している。平方にも「戒名」が付与され、「良兵」と刻まれていた。このように戒名が付されていることから、彼らは「カミ」ではなく「ホトケ」として祀られているのである。

明治八年没の五名のについても、うち三名は少なくとも脚気による病没であった。この三名のうち、九月七日に二三歳で没した**「市川保蔵之墓」**には、左記のようにある。

東京鎮台歩兵第三連隊第一大隊第三中隊上等兵市川保蔵者熊谷県下上野国甘楽郡第廿二大区小

九区大塩沢村農東三郎長子明治七年四月三十日第九大隊編入同八年三月拜二等兵卒同年八月患脚気症移於伊香保温泉仮養生所加療□終無其功九月七日於同所没于時年廿三歳四月

生兵「粢　房吉之墓」（中央）

市川上等兵は「熊谷県下上野国」甘楽郡の農民出身となっている。既述の「第一次群馬県」成立後の明治六年六月、群馬・入間両県が合併して熊谷県となり、これは九年八月まで存続したが、その後、現在の埼玉県と群馬県（第二次群馬県）に分立するのである。したがって、市川は本県出身者に加えてよいであろう。歩兵第三連隊**上等兵卒**で、平方と同様に伊香保温泉仮養生所で治療するが、二三歳で死去している。また、同じく九月没の**粢房吉**《しとぎ》（二一歳）は長野県出身であったが、これも脚気による死亡の可能性がある。また粢は、歩兵第三連隊「**生兵**《せいへい》」と印されている。

脚気は近代に入り、明治三年から流行したというが、とくに陸軍の白米兵食によるビタミンB_1の欠乏が原因であった。このように、高崎兵営でも脚気患

本県出身の「兵卒加藤戈次郎墓」（左から２番目）と「兵卒高橋森五郎墓」（左から３番目）

者が多発したのであろう。この脚気と肺結核は、近代日本の「二大国民病」とされたから、陸軍にとって脚気対策は健兵政策として重要であった。

明治九年没の六名は、全員「死因不明」で全く手がかりはないが、本県出身者は二名確認できる。一〇月没の**加藤戈《ほこ》次郎**と**高橋森五郎**である。両者とも歩兵第三連隊「兵卒」で「群馬県農」、つまり群馬県の農民出身で、年齢も共に二三歳であった。ただし、本県内の出身地は不詳である。また、同二七日没の歩兵第三連隊の佐藤松五郎（二〇歳）は「新潟県農」であったが、墓碑銘は**「生兵佐藤松五郎墓」**となっている。

さらに**明治一〇（一八七七）年没の三名**も、「死因不明」で手がかりはないが、このうち歩兵第三連隊二等卒の丸橋秋二郎（二二歳）は、本県吾妻郡川戸村（東吾妻町）出身であった。八月に高崎陸軍営舎内で死去している。

ところで「生兵」とは一体何であろうか。**表3**は**生兵埋葬者一覧**で、**二九名**確認できる。横山篤夫によれば、陸軍省は明治七年に「生兵概則」を定めて、原則六ヶ月間の新兵教育・教育機関を設けた（翌年度から実施）。そしてこの期間の新兵を「生兵」と呼んだという。生兵は正規の兵士ではなく、制服も徽章も与えられず、最下級の地位に置かれた。そして大隊長の検査で合格と認められると、初めて「二等兵卒」になった。

徴兵された若者にとって、生兵期間は厳しく過酷な日々であったのだろう。逃亡する生兵も少な

「生兵土田萬吉墓」（右から２番目）

「生兵岩﨑増五郎墓」（中央）

表3　生兵埋葬者一覧

明治没年月日	墓碑銘	出身地等	没年齢等	備考
8・9・15	粂房吉之墓	長野県下信濃国佐久郡□□村産	22歳（死因不明）	東京鎮台歩兵第□連隊第一大隊第四中隊生兵。□□病院で死亡
9・10・27	歩兵第三連隊第一大隊第一中隊　生兵佐藤松五郎墓	新潟県農（民）	20歳（死因不明）	農民。歩兵第三連隊第一大隊第一中隊
12・1・3	生兵武井喜市郎之墓	山梨県下甲斐国巨摩郡春村武井原右エ門二男	21歳（死因不明）	東京鎮台歩兵第三第一大隊第二中隊連隊。高崎□□で死亡
12・7・24	生兵栗林幸作墓	信濃国水内郡豊田村農（民）	20歳（死因不明）	農民。東京鎮台歩兵第三連隊第三中隊生兵。高崎病室で死亡
12・9・10	陸軍生兵水澤軍司墓	越後国新潟県小谷嶋村平民	20歳（死因不明）	平民。東京鎮台歩兵第三連隊第三大隊第四中隊。高崎兵営病室で死亡
12・9・14	陸軍生兵長山儀三郎墓	下野国足利町平民	21歳（死因不明）	平民。東京鎮台歩兵第三連隊第三大隊第二中隊。高崎兵営病室で死亡
13・6・15	中島峯吉墓	栃木県農（民）初太郎弟	20歳（死因不明）	農民。東京鎮台歩兵第三連隊第一大隊第四中隊生兵。高崎兵営で死亡
13・8・25	生兵高橋鉄蔵墓	新潟県下蒲原郡中条町村徳松弟	20歳（死因不明）	東京鎮台歩兵第三連隊第一大隊第四中隊附。高崎病院で死亡
13・9・10	生兵上原巳之吉墓	長野県小県郡古安曽村□吉二男	21歳（死因不明）	歩兵第三連隊第一大隊第四中隊附。高崎病院で死亡
14・4・9	生兵黒澤幸吉墓	群馬県下南甘楽郡上野村平民	20歳？（死因不明）	平民。東京鎮台歩兵第三連隊第三大隊第二中隊。高崎兵営病室で死亡
14・7・20	生兵渡邉三太郎墓	新潟県下中頸城郡□柿濱村平民	21歳（死因不明）	平民。東京鎮台歩兵第三連隊第三大隊第四中隊。高崎兵営病室で死亡
14・7・28？	生兵渡邊惣太郎墓	新潟県下蒲原郡下早通村平民	24歳（死因不明）	平民。東京鎮台歩兵第三連隊第三大隊第三中隊。高崎兵営病室で死亡
14・9・9	生兵粕川福太郎墓	群馬県下上野国南勢多郡上長磯村平民	21歳（死因不明）	平民。東京鎮台歩兵第三連隊第三大隊第四中隊。高崎兵営病室で死亡
14・9・22	生兵土田萬吉墓	栃木県下下野国都賀郡壬生村通町平民	21歳（死因不明）	平民。東京鎮台歩兵第三連隊第三大隊第二中隊。高崎兵営病室で死亡
14・10・3	生兵下篠梅吉墓	長野県信濃国上水内郡七二曽村平民	20歳（死因不明）	東京鎮台歩兵第三連隊第一大隊第二中隊。高崎兵営病室で死亡
14・10・6	生兵増田數伊墓	新潟県越後国西頸城郡西蒲生田村平民	20歳（死因不明）	平民。東京鎮台歩兵第三連隊第一大隊第三中隊。高崎兵営病室で死亡

14・10・21	生兵赤岡折平墓	群馬県上野国北甘楽郡青倉村平民	21歳（死因不明）	平民。東京鎮台歩兵第三連隊第一大隊第三中隊。高崎兵営病室で死亡
15・8・9	生兵福田熊次郎墓	栃木県下野国上都賀郡板荷村平民	22歳（死因不明）	平民。東京鎮台歩兵第三連隊第二大隊第□中隊
15・8・21	生兵長澤寅蔵墓	新潟県佐渡国羽茂郡大橋村平民	20歳（死因不明）	平民。東京鎮台歩兵第一連隊第二大隊第二中隊
15・9・30	生兵金子與平次墓	新潟県越後国三嶌郡高梨村平民	20歳（死因不明）	東京鎮台歩兵第三連隊第三大隊第三中隊
15・10・12	生兵小出音蔵墓	新潟県越後国南蒲原郡下條村平民	24歳（死因不明）	平民。東京鎮台歩兵第三連隊第三大隊第三中隊
16・9・30	生兵馬島助次郎墓	長野県下信濃国上水内郡東柏原村平民	20歳（死因不明）	平民。東京鎮台歩兵第三連隊第三大隊第三中隊。高崎兵営病室で死亡
16・12・18	生兵太田徳松墓	栃木県下野国下都賀郡皆川城内平民	25歳（死因不明）	平民。東京鎮台歩兵第三連隊第三大隊第四中隊。高崎兵営病室で死亡
17・8・19	生兵峰岸六三郎	神奈川県相模国高座郡橋本村平民峰岸喜太郎二男	文久4年生まれ（病死・詳細不明）	平民。東京鎮台歩兵第一連隊第二大隊第一中隊。東京府下日本橋区蛎殻町三丁目一番地で病死
18・7・23	生兵藤原栄作之墓	群馬県下上野国利根郡戸倉村平民藤原栄吉長男	21歳（死因不明）	平民。東京鎮台歩兵第十五連隊第二大隊第二中隊
20・8・18	生兵大野吉太郎墓	埼玉県武蔵国入間郡宮寺村三百五十二番地百太郎弟平民	20歳（死因不明）	平民。東京鎮台歩兵第十五連隊十一中隊
20・10・21	生兵岩﨑増五郎墓	埼玉県武蔵国男衾郡本田村平民	21歳（死因不明）	平民。歩兵第十五連隊第五中隊
21・10・24	故生兵中澤芳作之墓	長野県下信濃国埴科郡新田村農（民）	？（病死・詳細不明）	農民。歩兵第十五連隊第九中隊
？	生兵佐藤文蔵墓	新潟県下下頸城郡直（カ）口村又四郎二男	20歳（死因不明）	？

くなく、入営に際して中隊長の前でわざわざ「平時戦時トモ脱走致間敷事」と、誓約・署名する儀式が執行されたという。また今西聡子によれば、生兵の罹病率は極めて高かったという。つまり、彼らは大変なストレスのなかで兵営生活を送っていたことになる。

手島・西村（2003）によれば、同墓地の明治期の個人墓は、全て「平時の病没者」だけであるというが、これは表2からも確認できよう。そして明治二〇年代前半まで、兵営では既述の脚気やコレラ・腸チフスなどが流行したようである。昭和二年発行の『高崎市史』には、同墓地に関して「明治七年征台以降ノ戦病死者ノ英骨ヲウヅム」と記されているというが、これは誤った記述であることがわかる。こうしてみると、同埋葬地の設営は、既述の東京音羽陸軍埋葬地とほぼ同時期のことであった。

このように陸軍埋葬地が設営されていくなかで、「近代日本最初の対外戦争」は、明治七年五月からの「征台の役」（台湾の役・台湾出兵）であった。日本政府は朝鮮半島よりも先に、台湾の植民地化に着手したのである。前年秋には、当時唯一の陸軍大将で参議であった西郷隆盛（号は南洲）らの征韓派は、征韓論争（明治六年の政変）に敗れて下野しているが、政府の意図は「富国強兵」政策の下で、植民地政策を決して放棄するものではなかった。この出兵に際し、高崎第九大隊も動員されたが、同大隊から戦没者は出なかったようである。ただし、日本軍戦没者**五九〇名**のうち、東京招魂社に合祀されるのは、僅かに**「戦死者」一二名**のみであった。

翌八年四月頃、東京で編成された陸軍歩兵第三連隊第一大隊と連隊本部が、高崎分営に置かれている。連隊本部は旧藩主別邸を使用したという。そして同第二大隊は新潟県新発田（後に歩兵第十六連隊の衛戍地）に、同第三大隊は東京に配置された。

この間、既述のように六年六月に熊谷県が成立し東毛三郡が編入されるが、九年八月には「第二次群馬県」が誕生して、現在の「鶴舞う形の群馬県」域が確定した。この第二次群馬県の成立により、県庁は一旦高崎に戻ったものの、どうしても役場が分散してしまうという不都合のため、再び県庁は前橋に置かれることになった。当時はあくまでも暫定的な措置であったというが、以来、前橋が「県都」となる。

当時の本県（第二次群馬県）は「難治県」とされ、初代県令となった楫取素彦《かとりもとひこ》（長州萩の医家二男、藩校明倫館助教、後の元老院議官・貴族院議員）は、熊谷県令を経て本県令となった。楫取は旧長州藩士で、「安政の大獄」で斬首された同藩士吉田松陰（萩生まれ、吉田家養子）の義弟であった。周知のように、松陰は水戸学の影響を受けた幕末期の尊王思想家で、萩で松下村塾を開き、その過激な思想と行動は討幕運動に大きな影響を与えた。後に松陰神社（東京都世田谷区・山口県萩市）が創建され、カミとして祀られた。明治政府によって新たに崇拝の対象、つまり「人神信仰」の対象となったのである。本県も例外ではなく、いわゆる「薩長藩閥政府」の支配下に組み込まれていった。

六　佐賀の乱・熊本の乱・西南戦役と戦没者

既述のように、戊辰戦役終了後も明治一〇年までは、いわゆる西国で「不平士族の反乱」がおこり、「内戦（内乱）の時代」であった。その最初の本格的な内乱は、旧佐賀藩士で元参議**江藤新平**（初代司法卿）らによる、明治七年二月四日に勃発した**「佐賀の乱」（佐賀の役）**であった。前年の征韓論争の末、元参議西郷隆盛らと共に下野した江藤らは、郷里佐賀で政府に対し反旗を翻したのである。

当初、**佐賀軍（反乱軍）**は旧佐賀城下（佐賀藩は外様三五万七〇〇〇石）を支配し、優勢であったが、これに対して政府軍（官軍）は、熊本城址（熊本藩は外様五四万石）にある、**熊本鎮台**（明治六年一月創設）の一個大隊、将兵六四八名を最初に出兵させた。政府軍の佐賀征討総督には、戊辰戦役時に軍事総裁・征討大将軍などを務めた、皇族の陸軍少尉東伏見宮嘉彰《よしあき》親王（後の小松宮彰《あき》仁《ひと》親王、大将・参謀総長・元帥）が任命されている。そして一ヶ月後の三月一日、政府軍が佐賀城址に入り、「賊軍・賊徒」となった佐賀軍は鎮圧された。後に江藤（四一歳）は「除族の上梟首《きょうしゅ》（晒し首）」となる。「敵」ではなく「大罪人」扱いであった。

佐賀乾亨院《けんこういん》（臨済宗、佐賀市中の館町）には、**官軍墓地**が設営され、熊本鎮台将校三名以下の同鎮台戦没者**一〇七名**が埋葬された。また、福岡県久留米の山川官軍墓地（久留米市山川町）には、**六四名**が埋葬されたという。乾亭院の墓碑には、「**佐賀賊徒追討戦死之墓**　明治七年甲戌自二月十六日至十八日」と刻まれた。ただし、官軍戦没者は総計**二〇九名**とされており、彼らは東京招魂社の祭祀（靖国祭祀）の対象となっていく。一方、賊徒とされた江藤ら**一七三名**は、その合祀から

江藤ら佐賀軍戦没者を祀る「万部島招魂碑」
（佐賀市水ヶ江・万部島公園）

熊本鎮台兵を埋葬した佐賀乾亭院官軍墓地（合葬墓碑３基）

排除されることになる（**万部島《まんぶじま》招魂碑**）。

東京招魂社では明治七年八月二七日、佐賀の乱官軍戦没者**一九二名**の招魂式を実施し、翌二八日の臨時大祭で、彼らを「カミ」として新たに合祀（第二回合祀）した。これにより、同社には「戊辰戦役以外の戦没者」が初めて祭神となり、残りの戦没者も合祀されていく。以来、同社では招魂式（招魂祭）を経て、臨時大祭で戦没者を合祀していくという形式が定着した。また同社は、戦没者が出るたびに祭神が無限に増えていくという、今までに類例のない極めて特殊な神社となった。

さらに明治九（一八七六）年一〇月二四日には、同じく九州で**「熊本の乱」**、つまり**「神風連《じんぷうれん》の乱」**（**神風連の変**・敬神党の乱・熊本の役）がおこる。同乱は旧熊本藩士で、新開大神宮宮司の**太田黒《おおたぐろ》伴雄《ともお》**（国学者林桜園《はやしおうえん》の弟子）ら一七〇名が、政府の「廃刀令」（明治九年三月）などを不満として決起したものであった。後の昭和期に割腹自殺する作家三島由紀夫（大正一四年生まれ）が、同乱から大きな影響を受けたことは、周知のところである。

もともと太田黒らは、佐賀の乱に呼応して決起する予定であったが、「神意」により計画変更になったという。そして、神風連は「神兵に洋風兵器は無用」という立場から、古来の刀槍のみを用いて、**熊本城址**の熊本鎮台（当時の兵力は二三〇〇名、後の第六師団）に斬り込んでいった。これは、後の太平洋戦争下における、「神風《じんぷう》特別攻撃隊」のモデルになるのであろう。

原田敬一によれば、熊本鎮台設置により地元には翌七年三月、**花岡山**（熊本市西区横手）に**陸軍埋葬地**が設営されたが、熊本の乱の鎮台（官軍）戦没者を埋葬するため、同地内に**花岡山官軍墓地**

「神風連討入口」（熊本城址）

熊本城址

「神風連首領　太田黒伴雄奮戦之跡」碑
（熊本城址）

「明治九年神風連之変　軍旗染血之跡」碑
（熊本城址）

花岡山官軍墓地（陸軍埋葬地）。明治２年２月創建の花岡山招魂社（花岡山護国神社）に隣接している

（約五〇〇坪）が設けられたという。地図を開くと、花岡山は城址の「裏鬼門」（西南）にあたる。同地には明治二年二月、熊本藩主により**花岡山招魂社（花岡山護国神社）**が創建され、幕末維新期の同藩殉難者**一五〇柱**が合祀されていた。同地は熊本における、本康宏史のいう「軍都の慰霊空間」を形成していよう。

熊本鎮台司令長官の**陸軍少将種田政明**（旧薩摩藩士、元東京鎮台司令長官）以下の鎮台戦没者**一一六名**は、同官軍墓地に埋葬される。また同時に殺害された、**熊本県令安岡良亮**《りょうすけ》（旧土佐藩郷士）以下**十数名**の官民は、同墓地に隣接した**県官墓地**に埋葬された。とくに安岡県令は、かつて新選組近藤勇を斬首刑に処したが、高崎県大参事や群馬県参事を務め、群馬とは縁累であった。

種田少将以下の鎮台戦没者は、花岡山招魂社の祭神となり、東京招魂社にも合祀されることになる。他方、既述の佐賀の乱同様に、太田黒（四三歳）ら賊徒とされた**一二四名**（自害女性一名を含む）の戦没者は、招魂社の祭神から除外されていく。

ところで、昭和期に本県で発行した『上毛忠魂録』（1940）は、戦没者慰霊に関する文献として有益である。同書は映画「北満に散る花」に依る「日支事変戦没者表彰記念事業資金」、並びに旧群馬県連合国防義会および群馬県招魂会の篤志により、上梓されたものだという。

同書によれば、「本県出身最初の陸軍戦没者」は、既述の「熊本の乱」での戦没者であった。つまり、明治九年一〇月二四日に熊本鎮台砲兵営（熊本城址）で戦死した、館林出身（本籍地は邑楽

花岡山官軍墓地の「陸軍少将正五位種田政明之墓」（左端）、「陸軍中佐正六位高島茂徳之墓」（中）、「陸軍中佐正六位大島邦秀之墓」（右端）

「熊本県令従五位安岡良亮墓」（花岡山県官墓地）

郡館林町（館林市））の熊本鎮台予備砲兵第三大隊の**砲兵軍曹大沼光雄**である。館林士族ではなく平民であったようだが、大沼軍曹はこの乱での「唯一の本県出身戦没者」であり、また「徴兵による本県初の戦没者」ということになろう。

大沼軍曹は官軍として、東京招魂社の祭神となったが、館林招魂社への合祀に関しては不明である。また、高崎陸軍埋葬地で大沼の墓碑は確認できなかった。遺体は熊本の官軍墓地に埋葬されたのであろう。東京招魂社では、前八年の臨時大祭に天皇が初めて参拝し、また同年の例大祭から、陸海軍両省が交代で祭主を務めることになる。

そして明治一〇年一月末勃発の**西南戦役**（**丁丑戦役**）は、「最大の不平士族の反乱」となった。既述のように、征韓論争で薩摩に下野した西郷隆盛を中心に、薩軍一万三〇〇〇余名が挙兵したのである。政府軍の征討大総督には、戊辰戦役時に東征大総督であった、皇族の**有栖川宮熾仁《たるひと》親王**（後の陸軍大将・参謀総長）が就任した。政府軍からすれば、**「鹿児島賊徒征討之役」**であった。政府軍には、北海道の屯田兵や東京警視庁警察官（巡査、警視庁発足は明治七年一月）の部隊も編成された。一方、薩軍には九州各地から援軍が集結し、やがて同軍は当初の倍以上の、三万一七〇〇名ほどにまで膨れ上がったという。

足かけ九ヶ月に及ぶ同戦役は、九月二四日、鹿児島城山での西郷自刃（五一歳）によって終焉するが、官軍・薩軍双方で**各約七〇〇〇名**の戦没者を出した。これは会津戊辰戦役以来の激戦が展開されたことを物語っていよう。ここでも官軍戦没者は東京招魂社に合祀されるが、西郷らの薩軍戦没者は「賊軍・賊徒」とされ、それから排除されている。同戦役での本県出身官軍戦没者（軍人・警視庁警察官）は、一挙に**一三〇名**に及んだ。

表4は、期間限定であるが、**西南戦役での本県出身官軍戦没者一覧**である。本県最初の戦没者は、一〇年二月二六日に肥後国山鹿郡鍋田村（熊本県山鹿市）で戦死した、陸軍兵卒河原庄松以下**四名**

将校44名以下の計980名を埋葬した高月官軍墓地（熊本県玉名郡玉東町）

将校21名以下の計268名を埋葬した七本官軍墓地（熊本市北区植木町）

表4　西南戦役での本県出身官軍戦没者一覧（明治10年2～3月）

戦没月日	氏　　名	本　籍　地	戦　没　地	所属部隊・靖国合祀の可（○）否（×）
2・26	陸軍兵卒河原庄松	勢多郡粕川村（前橋市）	肥後国山鹿郡鍋田村	第一旅団東京鎮台歩兵第一連隊所属、○
2・26	陸軍兵卒関茂十郎	群馬郡京ヶ島村（高崎市）	肥後国山鹿郡鍋田村	第一旅団東京鎮台歩兵第一連隊所属、○
2・26	陸軍兵卒山口真造	北甘楽郡小野村（富岡市）	肥後国山鹿郡鍋田村	第一旅団東京鎮台歩兵第一連隊所属、○
2・26	陸軍兵卒（伍長）井上和一郎	利根郡東村（沼田市）	肥後国山鹿郡鍋田村	第一旅団東京鎮台歩兵第一連隊所属、○
3・6	陸軍曹長牧村利業	前橋市神明町	大阪臨時陸軍病院（熊本とも）	歩兵第八連隊所属、×
3・7	近衛兵卒小林芳蔵	多野郡小野村（藤岡市）	肥後国田原坂	第二旅団近衛歩兵第一連隊所属、○
3・7	近衛兵卒山嵜永吉	北甘楽郡新屋村（甘楽郡甘楽町）	肥後国田原坂	第二旅団近衛歩兵第一連隊所属、○
3・7	近衛兵卒神村清松	邑楽郡大島村（館林市）	肥後国田原坂	第三旅団近衛歩兵第二連隊所属、○
3・8	近衛兵卒関口弥三郎	新田郡木崎町赤堀（太田市）	肥後国田原坂	第三旅団近衛兵第二連隊所属、○
3・8	近衛兵卒小内濱吉	新田郡笠懸村（みどり市）	肥後国田原坂	第三旅団近衛歩兵第二連隊所属、○
3・10	警視庁警部補小笠原光敬	（館林市）	肥後国玉名郡二俣	館林士族、靖国合祀不明。館林招魂社の「西南役戦死碑」に合祀
3・10	警視庁二等巡査木村定勝	（館林市）	肥後国玉名郡二俣	館林士族、靖国合祀不明。館林招魂社の「西南役戦死碑」に合祀
3・11	陸軍兵卒根岸佐太郎	前橋市連雀町	肥後国玉名郡横平山	東京鎮台歩兵第一連隊第三大隊所属、○
3・12	従七位歩兵中尉石島敬義	高崎市柳川町	肥後国山鹿郡鍋田村	第三旅団教導団歩兵第一大隊所属、○
3・14	陸軍兵卒長岡外吉	勢多郡横野村（渋川市）	肥後国玉名郡二俣	第一旅団東京鎮台歩兵第一連隊所属、○
3・14	警部補小笠原光敬	邑楽郡館林町（館林市）	肥後国玉名郡二俣	第三旅団警視局所属、○
3・15	徴募三等巡査荒木新作	群馬郡京ヶ島村（高崎市）	肥後国玉名郡横平山	別働第三旅団警視局所属、○
3・15	陸軍兵卒川多外吉	群馬郡京ヶ島村（高崎市）	肥後国玉名郡横平山	第一旅団東京鎮台歩兵第一連隊所属、○

3・15	陸軍兵卒新井金次郎	多野郡藤岡町（藤岡市）	肥後国山鹿郡鍋田村	第三旅団東京鎮台歩兵第三連隊所属、○
3・15	陸軍兵卒加藤重吉	北甘楽郡秋畑村（甘楽郡甘楽町）	肥後国玉名郡横平山	第一旅団東京鎮台歩兵第一連隊所属、○
3・15	陸軍歩兵軍曹原田種一	前橋市神明町（高崎市とも）	肥後国飽田郡高麗門	熊本鎮台歩兵第十三連隊所属、○
3・17	勲八等近衛兵卒宮沢幸平	吾妻郡六合村（吾妻郡中之条町）	肥後国田原坂	第二旅団近衛歩兵第一連隊所属、○
3・18	陸軍兵卒横山平助	北甘楽郡黒岩村（富岡市）	肥後国玉名郡二俣	第一旅団東京鎮台歩兵第一連隊所属、○
3・20	陸軍兵卒板垣春次	佐波郡殖蓮村（伊勢崎市）	肥後国玉名郡二俣	第一旅団東京鎮台歩兵第三連隊所属、○
3・20	近衛兵卒岩崎常五郎	群馬郡桃井村（北群馬郡榛東村）	肥後国山本郡向坂	第一旅団近衛歩兵第二連隊所属、○
3・20	一等少警部小俣義方	（館林市）	肥後国田原坂	館林士族、靖国合祀不明。館林招魂社の「西南役戦死碑」に合祀

※群馬県（1940）および館林市史（2017）により作成

田原坂パノラマガーデンの模型

「西南の役　田原坂公園」

近衛兵「関口弥三郎之碑」（赤堀八幡宮）

官軍の「田原坂崇烈碑」
（陸軍大将二品大勲位熾仁親王撰文竝書、明治 13 年 10 月建立、田原坂公園）

であった。没年齢は不詳であるが、いずれも第一旅団東京鎮台歩兵第一連隊所属であった。

さらに「越すに越されぬ田原坂」と謳われた、**肥後国田原坂**《たばるざか》（熊本市北区植木町）での激戦（三月四〜二〇日）での戦没者は、一〇年三月七日の**三名**が最初であった。また翌八日にも同様に**二名**戦没しているが、これら**五名**は全て**近衛兵**（歩兵第一連隊二名・同第二連隊三名）であった。「日本最初の連隊」として、近衛歩兵第一・第二連隊が発足するのは明治七年一月である。

このうち同歩兵第二連隊に所属し二四歳で戦没した、新田郡赤堀村（太田市新田赤堀町）出身の**「関口弥三郎之碑」**が、遺族らにより村社**赤堀八幡宮**境内に建立（明治一三年四月一七日）されている。同碑には

（前略）本村農夫房次郎第三子（中略）明治九年官徴編近衛兵隊十年春従征西之軍戦死於肥後国田原坂実三月八日也享年二十有余（中略）

捨身殉国　魂兮還郷　千載之下　姓名維芳

と刻まれた。関口の遺体は田原坂の**七本**《ななもと》**官軍墓地**あたりに埋葬されたと思われるが、その「荒魂」は同碑を依り代として、故郷に帰ったのである。

表4において、**二六名**の戦没者のうち、靖国非合祀は大阪臨時病院で死去した**一名**（陸軍曹長牧村利業）のみで（ただし三名は合祀不明）、「戦病死」であったからであろうか。また、この一名を

廐橋護国神社（旧廐橋招魂祠、前橋東照宮境内）

除いて、全て肥後国（熊本県）で戦没している。とくに近衛兵戦没者**七名**のうち、**六名**が激戦地田原坂での戦没者であった。同地で近衛兵は奮戦し、甚大な損害を蒙ったのである。

本来、近衛兵は天皇護衛を専務とし、戦地に派遣される部隊ではなかったから、近衛兵に対しても大きな負担が強いられたのである。万死をおかして奔走し、損害多くした近衛兵の不満は、西南戦役後の「日本初の政府軍兵士の反乱」、つまり「近衛砲兵の反乱」（竹橋事件、明治一一年八月二三日）として爆発した。

既述の西南戦役本県出身一三〇名の戦没者のうち、東京招魂社への合祀者は**八五名**のみで、残りの**四五名**はその祭神になっていない。詳細は不明であるが、既述のように戦没者ではあっても、「戦死者」以外の戦病死者等は東京招魂社の祭神からも除外されていたから、おそらくこの四五名も戦病死者、あるいはそれに準ずる者であったのだろう。またこの頃、陸軍省は戦没者墓碑銘に関して、「官位姓名ヲ偶数ニ彫刻スヘシ」と規定しているようである。

本県では、西南戦役直後の明治一〇年一一月二四日（異説あり）、県庁に隣接し、前橋城高浜曲輪（北曲輪）跡地の村社**前橋東照宮**（明治四年四月遷座、昭和四年四月県社、前橋市大手町）境内に、**廐橋《うまやばし》招魂祠**（後の**廐橋招魂社・廐橋護国神社**）が創建されている。同東照宮の起源は、松平氏（越前家）が始祖家康を祀るために創建した社で、幕末の慶応年間における同氏の再度の前橋入城と共に、移転されてきたものであったという。

「廐橋招魂祠記」碑

廐橋招魂祠には既述の一三〇名のうち一名を除いた、群馬郡高崎駅士族で陸軍歩兵中尉石島敬義（従七位）以下の**一二九名**（うち警察官二七名、前橋関係者二四名）が、カミとして合祀された（遺骨なし）。石島中尉は、下士官養成の兵団である教導団の所属で、一〇年三月一二日、肥後国山鹿郡鍋田村で戦死し、戦没者のなかでは最も階級が高かった（表4参照）。ただし、一名が祭神から除外された理由も定かではない。

同戦役の戦功により叙勲を受けた者は二七名と記録されているが、同祠前に立てられた**「廐橋招魂祠記」碑**（陸軍大将二品大勲位熾仁親王題額、明治一二年

館林士族９名の「西南役戦死碑」（邑楽護国神社）

一〇月建、碑陰に一二九名の氏名を列記）には、「於是県人相議捐金相地於廐橋城北新建一宇以為招魂祠」と記されているのみで、詳しい経緯は不明である。

同祠の建立主体も明らかではないが、凱旋者・遺族関係者など、碑文にあるように、県人有志が義捐金を集めて建立したものであったことは確かである。いずれにしても、靖国合祀から除外された戦没者も含めて、地元で祀ることになったのだろう。既述の内務省通牒により、招魂場等の名称はすでに招魂社に改称されていたはずであるが、「招魂祠」とした理由も不明である。恐らくは、県内の館林招魂祠をモデルにしたものであろう。

廐橋招魂祠にも戦没者の遺骨はなく、本県での招魂祠創建は館林招魂祠に次いで二番目となった。廐橋招魂祠も私祭と考えられるが、やがて同祠には前橋出身の対外戦争戦没者が合祀されていき、館林招魂祠と同様の経緯で、「前橋市の靖国」あるいは「地域の靖国」として機能していくことになる。現在、廐橋護国神社の祭神数は**二三四六柱**であるという。

他方、館林招魂社には明治一一年四月、「靖国非合祀」であった陸軍少尉小林言敞（九月二八日長崎陸軍病院で病死）以下の**館林士族九名**（警視庁関係者八名）の、**「西南役戦死碑」**（従五位秋元興朝篆額）が建立された（遺骨なし）。維新後、上州安中《あんなか》士族（安中藩は譜代三万石）は教員に、館林士族は警察官になる者が多かったといわれ、「安中教員・館林巡査」と称されたという。この九名はやがて館林招魂社の祭神となる。

碓氷・甘楽両郡の西南戦役「徵兵戦死之碑」（旧諏訪神社境内）

ただし、邑楽郡出身の西南戦役戦没者は**二〇名**とされているから、同碑に祀られたのはあくまでも士族のみであり、同じ殉難者ではあっても、それ以外の農民ら平民出身戦没者は除外されている。ここでも身分上の差別的扱いがあった。館林招魂社は、そもそも旧藩士の慰霊施設であったのである。既述の九名の士族のなかには、肥後国益城郡飯田山（益城町）で戦死（四月一四日）した、警視庁一等巡査で既述の田山銷《しょう》十郎（靖国合祀）がいた。

本県西毛の碓氷郡郷原村（安中市郷原）には、明治一一年九月上旬、**碓氷・甘楽《かんら》両郡**四三ヶ村の村民有志により、**西南戦役「徵兵戦死之碑」**（群馬県令楫取素彦書）が、中山道沿いの景勝地である酒盛山（酒盛城址）に建立されている（遺骨なし）。文字通り「徴兵」により戦場に送られた地元出身の官軍戦没者、つまり東京鎮台歩兵大塚幸八・近衛歩兵中澤長吉・東京鎮台歩兵矢島瀧蔵**三名**の招魂碑であった。大塚は鹿児島野戦病院で「病死」し、中澤は日向樺木村陸軍病院で、矢島は大阪臨時陸軍病院で「戦傷死」している。ただし、大塚は「靖国非合祀」となっている。

同碑は、

忠死英霊の美名を千載に伝へ、且ハ向来徴兵兵役中皇軍に死するものの遺憾なからしめんが為めに、碑面を建てんと区内有志者より集金して十一年秋より着手し本年三月全く功を畢りければ、十四日をトして建碑の上棟式紀年祭を執行あり、建設の地は（中略）、往来の旅人ハ必ず足を止の景勝地にて、且大区中央の地位

にあったという〔群馬県史 1979〕。

また、翌一二年三月一四日の同碑「上棟式紀年祭」は、松井田神道事務支局八幡社（松井田八幡宮）で、神式により執行された。同祭に関しては、

祭式ハ県下分局て執行せし式に倣ひ、（中略）五色の餅を供へられけり、警察署より巡査四名

警部代理として臨席あり、祭場へハ戦死者の遺族幼稚を携へ参拝す、拝観の人々群をなしたり、（中略）祭り畢て参拝人へ神酒を奨め、（中略）実に死者の親戚をして感涙せしめ遺憾の念なからしむるにたる、（中略）碑石ハ碓氷古関横川村の産石にて俗にへギ石と称する名石、高サ横七尺巾四尺の碑面也、上毛碓氷郡にて稀なる盛挙

であった、と記されている〔群馬県史 1979〕。

これは郡村単位での建碑として特記されよう。後に同碑は、酒盛山西方の**現地（旧諏訪神社境内、**安中市松井田町松井田）に移転された。現在、同碑手前には**数基の仏像**が置かれ、戦没者は「ホトケ」として祀られているようである。

旧高崎藩域では、西南戦役後の明治一一年一一月一六日、旧高崎藩士篤志者の主体により、村社**頼政《よりまさ》神社**（当初は石上寺境内に建立。旧大染寺境内、高崎市宮元町）で、同藩戦没者の招魂祭が執行された。これは「高崎頼政神社の招魂祭」として記録されている。同社は高崎藩主大河内家の先祖たる、平安後期の源頼政（源三位入道）を祭神としていた。頼政は、かつて平氏打倒のために以《もち》仁王《ひとおう》（後白河天皇皇子）を奉じて挙兵したが、敗れて京都宇治で自刃した人物であった。

翌一二年四月三日には、同社に旧高崎藩士有志一七名により、「**褒光《ほうこう》招魂碑**」（旧藩主大河内輝声《てるな》篆額・大河内輝剛《てるかた》書）が建立されている。同碑には、上州「下仁田之役」（水戸天狗党との戦い）**三六名**・「奥羽越之役」（奥羽越戊辰戦役）**六名**と「丁丑鎮西之役」（西南戦役）**七名**の、**計四九名**

旧高崎藩戦没者の「褒光招魂碑」（頼政神社）

の旧高崎藩戦没者を祀るためのものであった（遺骨なし）。これは「高崎藩士の記念碑」と称されるようになる。

　また、**旧伊勢崎藩**（譜代二万石、陣屋は伊勢崎市曲輪町）域では、西南戦役で旧同藩関係者（伊勢崎者）の板垣圭次（板垣春次とも、春次は三月二〇日肥後国玉名郡二俣で戦死、表4参照）以下**九名**が、肥後国や日向国などで戦没した。この戦没者を祀るため、元伊勢崎藩知事酒井忠彰（酒井氏九代目）は明治一五年九月、**「伊勢崎招魂碑」**（参議兼陸軍卿陸軍中将正四位勲一等大山巌篆額）を建立している（遺骨なし）。建立場所は、旧陣屋内の三社神社境内（伊勢崎市立第一幼稚園敷地）であったが、以来、同碑は西南戦役遺家族らの参拝するところとなり、この三社神社は、いつしか「招魂社」（伊勢崎招魂社）と呼ばれるようになったという。

　元和元（一六八一）年に立藩した「第三次伊勢崎藩」（酒井家）は、領内に二五の郷学（郷学校）を建てるなど、全国的にも教学精神と文治主義で知られた。その藩域は、前橋藩（譜代筆頭格酒井家）領の一部が分与されたもので、以来幕末まで続くから、両藩の関係は緊密であったと考えられる。したがって前橋での慰霊活動は、伊勢崎（昭和一五年市制施行）での実質的な招魂社誕生に繋がったのであろう。

しかし、伊勢崎招魂社たる三社神社は、後に地方改良運動の一環たる「神社整理」の対象となり、村社飯福神社に併合（明治四二年）され姿を消してしまったから、独立した招魂社（護国神社）として発展することはなかったのである。また伊勢崎招魂碑も、後に旧三社神社境内から**華蔵寺《けぞうじ》公園**（伊勢崎市華蔵寺町）に移転（昭和一六年五月）している。

また本県では明治一二年に、東京板橋火薬製造所（明治九年操業開始）に次いで日本で二番目の陸軍火薬製造所の建設が、西群馬郡岩鼻町（高崎市綿貫町）に決定している。当時、岩鼻と東京との間に船便があり、また水利に富んで水車の利用が可能なことから、同地が選定されたという。翌年五月から建設工事が始まり、同製造所では一五年一一月から黒色火薬の製造を開始している。これが東京砲兵工廠岩鼻火薬製造所（敷地は一一万七四六八坪、後の東京第二陸軍造兵廠岩鼻製造所）であった。

旧伊勢崎藩戦没者の「伊勢崎招魂碑」（華蔵寺公園）

同所の初代所長は、鹿児島県士族の陸軍砲兵大尉町田実秀であった。その他、同製造所には鹿児島関係者も多かったようで、西南戦役後の士族授産の意味もあったようである。これにより陸軍の火薬は、板橋・岩鼻両製造所で作られることになり、とくに岩鼻製造所は日本の敗戦まで、「陸軍唯一のダイナマイト工場」として稼働していた。同地は現在、「群馬の森」となり県立歴史博物館・近代美術館などが建っており、市民の憩いの場となっている。

全国の招魂社の総本社たる東京招魂社は、既述のように、新たな西南戦役官軍戦没者**約七〇〇〇名**を合祀し、明治一二年六月に靖国神社と改称し別格官幣社となり、文字通り神社となった。「靖国」の語は、古代中国の歴史書『春秋』(五経の一つ)から採ったもので、「安国」「鎮国」と同義であり、同社の祭神数は**一万八八〇名**と、一万柱を超えたのである。

初代宮司には、長州の神官出身で招魂社祭事掛であった、山県有朋とも親しい、青山清(元長州藩校明倫館助教授)が就任した。以来、同社の祭典は神官が奉仕し、宮司が祭主を務めることになる。また別格官幣社とは、国事殉難者あるいは国家の特別顕著な功労者を祭神とする神社のなかから選定され、日本の敗戦までに二八社を数えたという。

同時に靖国神社は、内務・陸軍・海軍三省の管轄となり、「宗教施設」であると共に、「軍事施設」としての性格も濃厚となった。とくに同社に関する一切の経理は陸軍省の専任となったのである。そして二年後の一四年五月には、同社境内に「絵馬堂」「掲額並びに武器陳列場」とされた、現存する軍事博物館たる「遊就館《ゆうしゅう》」が竣工している。

七　歩兵第十五連隊と「群馬・秩父事件」

高崎連隊の起源となる高崎分営は、明治一七（一八八四）年二月になると廃止され、一〇年間高崎に存続した第三連隊は東京麻布に移った。当時、全国には「天皇の軍隊」たる近衛連隊を除き一四個の連隊があったが、政府の兵備増強計画により、さらに一〇個の連隊が増設されることになった。これにより同五月、第三連隊に代わり高崎に入ったのが、新設された**歩兵第十五連隊**であった。

「歩兵第十五連隊跡」碑
（昭和 51 年 5 月 25 日建立、高崎城址）

初代十五連隊長は佐賀出身の陸軍中佐古川氏潔で、東京第一軍管第一旅団所属となった。後のいわゆる「郷土部隊」の誕生である。連隊の兵員数は下士五〇名・兵卒三〇六名であったが、新たに一七七名が入営し、総員五三〇余名の部隊になった。その徴兵区は群馬・長野・埼玉の三県にまたがっていたという。近代の本県関係戦没者の総数は、**五万二〇〇〇余名**とされているが、このなかには長野・埼玉などの他県人が含まれているのである。

十五連隊創設当時は、不平士族を中心とした自由民権運動の高揚期でもあり、本県の民権運動の拠点は高崎であった。明治一四年一〇月、日本最初の本格的政党である自由党（総理は旧土佐藩士板垣退助）が結成されると、その群馬支部としての性格をもつ上毛自由党が結成され、本部は高崎に置かれた。同党の中核は高崎士族であったが、三年後の一七年五月一五〜一六日には、**埼玉秩父事件（秩父困民党の反乱）**の前哨戦ともいえる、負債農民による群馬事件が発生している。この時、発足間もない十五連隊も襲撃対象になっていた。そして半年後の一〇月三一日には秩父事件がおこる。ここでは約一万名の農民が武装蜂起したといわれ、この一連の騒擾が**「群馬・秩父事件」**であっ

「秩父暴徒戦死者之墓」
（昭和８年11月９日建立、東馬流・諏訪神社）

警察官「柱野前川紀事之碑」（前橋東照宮）

た。

明治一七年一一月四日、秩父の反乱を鎮圧するため十五連隊第一大隊に出動命令が下った。そのうち第二中隊約一二〇名は同九日、上武国境を越えた**信州佐久の東馬流《ひがしまながし》**（長野県南佐久郡佐久穂町）で、困民党五〇〇余名と交戦している。この交戦で同連隊に死者は出ていないが、警察官二名が負傷した（後に**一名**死亡）。他方の困民党側は**一三名**の死者を出した（**秩父暴徒戦死者之墓**）。内田満によれば、この争乱は双方において「戦争」と認識されており、死者は**「戦死者」**であった。このように同連隊の初出動は対外戦争ではなく、国内の騒擾鎮圧であった。

同事件では**警察官二名**が死亡（戦死）している。この二名とは、警部柱野《はしらの》安次郎（周防玖珂郡錦見村出身）と警部補前川彦六（本県勢多郡萩村（前橋市）出身）であった。西南戦役官軍戦没者の慰霊センターとなった**前橋東照宮**境内には、明治一九年一一月、両者の慰霊碑である**「柱野前川紀事之碑」**（陸軍中将山県有朋書）が建立されている（遺骨なし）。三回忌を期しての建立で、建立者は楫取知事の後任で、同じく長州出身の第二代佐藤與三知事（前任は工部大書記官）であった。

秩父事件鎮圧後の明治一八年六月、十五連隊は第二大隊を増設し、七月には軍旗授与式が挙行された。第二大隊長は、長州出身の陸軍少佐斎藤太郎（後の歩兵第十四旅団長・陸軍中将）であった。東京鎮台司令長官に就任したばかりの、旧長州藩士で陸軍中将三浦梧楼（子爵、後の学習院院長・貴族院議員・枢密顧問官）から、勅語と軍旗が授与され（初代連隊旗手は陸軍少尉桂田廣忠）、古川連隊長は「敬テ明勅ヲ奉ス臣等死力ヲ竭シ誓テ国家ヲ保護セン」、と述べたという。兵舎に関しては、既設の二大隊分に加えて、一大隊分の兵舎が新築された。さらに二〇年五月には第三大隊を増設し、三大隊・一二中隊編成で構成される同連隊の編成が完了したのである。

靖国神社は明治二〇年三月、内務省が離れて陸海軍両省のみの管轄となり、同社の宮司以下は陸海軍両省によって補されることになった。とくに陸軍省総務局の主管となり、同社は完全な軍事施設となったのである。そして翌二一年五月、大日本帝国憲法（明治憲法）発布を前にして、陸軍は従来の鎮台制から師団制に移行し、外征戦争に向けて改編されていくことになる。一三年の時点で、十五連隊の将校を除く下士官・兵の総数は一四四九名で、出身県別の割合は長野四七％・群馬二九％・埼玉一九％・その他五％と、本県ではなく長野県出身者が最も多かった。どのような理由によるものかは不詳である。

八　むすび――陸軍埋葬地の系譜をめぐって――

今までの私なりの現地調査（フィールドワーク）の結果から、近代の戦没者慰霊・顕彰は、**近世の「義士」「義民・義人」**のそれと関わりが深いのではないかと、管見の限り考えている。つまり、近代の陸軍埋葬地（墓地）に関しては、近世の義士などの**「横死《おうし》者の墓」**に遡るのではないか、と推察している。

図　陸軍埋葬地の系譜

※「義士」「義民・義人」の墓 ⟶ 「幕末志士」の墓 ⟶ 官軍墓地（官修墓地）⟶ 陸軍埋葬地（陸軍墓地、当初は戦没者以外を埋葬）⟶ 忠霊塔（ムラやマチ、納骨が前提）⟶ 千鳥ヶ淵戦没者墓苑（遺骨あり）

それでは陸軍埋葬地は、どのような系譜を辿って誕生してきたのであろうか。**図**は、**陸軍埋葬地の系譜**を示したものである。本書に掲載した、官修墓地・陸軍埋葬地等の写真資料（墓碑・墓域の形状等）も参照・検証しつつ、大雑把ではあるが、系譜図を作成してみた。とりあえず現段階での私見・仮説として、読者に提供してみたい。

既述のように、東京招魂社（靖国神社）には全国の「忠魂」が祀られ、同社は「巨大な忠魂碑」となった。この近代の「忠魂碑」の起源は、宗教学の村上重良が指摘するように、第二代水戸藩主徳川光圀（初代水戸藩主徳川頼房三男、家康の孫）が、元禄五（一六九二）年に摂津湊川（神戸市生田区）に建立した、楠木正成の墓碑である「嗚呼忠臣楠子之墓」（正成の戦死地、遺骸あり）ではないかと思う。ちなみに一〇年後の元禄一五年一二月には、赤穂浪士の討ち入り事件が発生している。

南朝（後醍醐天皇）のために命を捧げ、横死した正成は、幕末の尊攘派から崇拝の対象（楠公崇拝）となり、やがて「千古《せんこ》忠臣の第一等」「南朝忠臣の亀鑑」とされ、近代の「忠魂（英霊）の元祖」となった。そして、この正成の墓碑をもとにして、明治五年四月に正成を祭神とする湊川神社が創建されている。同社は「近代最初の別格官幣社」で、同地は招魂墳墓であるが、明治二年六月創建の東京招魂社に続き、人をカミとして祀る「人神信仰」が成立した。

　下って、最大の「不平士族の反乱」であった、明治一〇（一八七七）年の西南戦役（丁丑戦役）での、**西郷隆盛**以下の薩軍戦没者は、その多くが戊辰の「官軍」として、「薩長」新政府への貢献者であった。西郷らは、戊辰の会津藩士（東軍）らとは対照的に、鹿児島の旧浄光明寺跡地に、直ちに個別に丁重に埋葬された。同地は、**南洲《なんしゅう》墓地**（南洲は西郷の号、鹿児島市上竜尾町）として造成されていく。

南洲墓地（中央が「西郷隆盛墓」）

　ときに、官軍が同墓地を造営する際に見本としたのは、**東京泉岳寺《せんがくじ》の「赤穂浪士（義士）の墓」**（曹洞宗、港区高輪）であった。つまり戦役直後の明治一〇年九月から、埋葬作業を主導した鹿児島県令岩村通俊（旧土佐藩士、後の北海道庁長官・貴族院議員）は、同地を「四十七士の墓」の様にするつもりであったと述懐している。これは明治九年の「熊本の乱」における、**桜山《さくらやま》神風連墓地**（**熊本桜山招魂社**〔**神社**〕、熊本市中央区黒髪）造成の場合も、同様であった。

現在、**墓碑七五五基**（**二〇二三体**）が建つ南洲墓地（一三〇〇坪）は、「賊軍」墓地であるが、

755基の墓碑が建つ南洲墓地（手前）と南洲神社（奥）

赤穂義士墓所（泉岳寺）

熊本桜山神風連墓地（桜山招魂社）

「西南の役官軍戦没者慰霊塔」
（祇園之洲公園・官軍墓地）

とくに鹿児島市街や錦江湾（鹿児島湾）を見渡す、高台の景勝地に位置している。また眼下には、**一二七〇名**を埋葬したとされる、**祇園之洲官軍墓地**（**官修墓地**、鹿児島市清水町）があるが、現在は僅かに**慰霊塔**・合葬墓碑等が残るのみである。

さらに西郷らは現在、南洲墓地内の**南洲神社**（前身は参拝所、大正一一年六月創建）に「カミ」

として祀られており、同社は「薩軍の靖国」というべき存在である。例えば満州事変（昭和六年九月勃発）下において、地元の鹿児島歩兵第四十五連隊は、満州出征に際し「武運長久」を願い南洲神社に参拝している。靖国神社の末社（分社）たる、官祭鹿児島招魂社（前身の靖献霊社《いさたま》は明治元年七月創建、後の鹿児島県護国神社）も存在していたが、南洲神社はまさに靖国神社と同様の機能・

茂左衛門地蔵尊千日堂

地蔵尊眼下の「義人茂左衛門刑場址」碑
（昭和 11 年 3 月 21 日建立、月夜野両区建立）

旧桃野村の「忠霊塔」

役割を果たしていた。

　したがって鹿児島では「薩軍・南洲墓地」が、あたかも「官軍・官軍墓地」の如き地位を占めていよう。つまり官軍墓地と賊軍（薩軍）墓地は習合しており、「神仏習合」ならぬ「官賊墓地の習合」といえるのである。これは、とくに幕末における西郷や薩摩藩の新政府に対する貢献度の高さを反映していた。

　ところで本県では、北毛（県北）の利根《とね》郡みなかみ町**月夜野《つきよの》**（旧利根郡月夜野町）に、**茂左衛門《もざえもん》地蔵尊千日堂（寺院）**が建立（大正一一年）されている（旧桃《もも》野《の》村）。これは、近世の地元の**「義人 磔《はりつけ》 茂左衛門」**を祀ったものである。

　江戸時代初期に、沼田藩主真田信利（信州上田真田氏子孫、幕末の沼田藩は譜代三万五〇〇〇石、城址は沼田市）の暴政に対して、利根・吾妻・勢多三郡の一七七ケ村の領民を代表し、農民の**杉木茂左衛門**は幕府（将軍綱吉）に直訴（越訴《おっそ》）した。しかし直訴は「御法度」であったため、茂左衛門は利根川の竹之下河原で処刑（磔刑《たっけい》）されるが、やがて茂左衛門は全ての衆生を救済する地蔵菩薩、つまり「ホトケ」（仏式）として祀られることになる。茂左衛門は近世において、公のために「非業の死」を遂げた「横死者」であった。また、戦時中の昭和一八（一九四三）年六月には、同寺境内に**旧桃野村の「忠霊塔」**（遺骨あり、陸軍大将男爵本庄繁書）が建立され、旧村の対外戦争戦没者が合祀されている。

「忠霊塔」は「忠魂碑」と共に「ムラやマチの靖国」といわれている。実は本県は、全国で最も

千鳥ヶ淵戦没者墓苑

旧桃野村の「忠魂碑」
（希典書、明治 40 年 4 月 18 日建立、福祉作業所ぴっころ［旧桃野村役場］西方の高台）

旧古馬牧村の「忠魂碑」
（陸軍大将鈴木荘六書、昭和 11 年 4 月建立、みなかみ町役場［旧古馬牧村役場］）

多くの忠霊塔（一〇〇基以上）を建設しているが、詳細は拙著（2018、2020）を参照されたい。その内地での建設は、「支那事変」（日中戦争、昭和一二年七月勃発）を契機に本格化していく。つまり、昭和一四年七月七日の「支那事変二周年記念日」に発足した、**大日本忠霊顕彰会**によって全国的規模でその建設運動が展開されたのである。そのキャッチフレーズは、「国に靖国、府県に護国、市町村には忠霊塔」、あるいは「忠霊奉戴　一日戦死」であった。とくに「一日戦死」とは、一日戦死したつもりで、国民が一日分の労力と賃金を忠霊塔建設に捧げる、というものであった。

日露戦役（明治三十七八年戦役）後に一般化する忠魂碑（遺骨なし）は、既述のように靖国・護国神社の系譜に連なる。一方の忠霊塔は「日本のお墓」をイメージし、納骨を前提とした戦没者の「公営墳墓」「合葬墓」とされていたのである。したがって忠霊塔は、寺院の墓碑・墓地と同様に、一般的に村人にとっては仏式による慰霊・供養の対象となり、忠霊塔に祀られた戦没者は「カミ」ではなく「ホトケ」ということになるだろう。

したがって、忠霊塔は現今の靖国・護国神社（神式）ではなく、**「無名戦没者の墓」**を起源とする、東京の**「千鳥ヶ淵戦没者墓苑」**（遺骨あり、昭和三四年三月創設、千代田区三番町）に繋がる系譜ではなかろうか。

伊藤智永によれば、同墓苑は官民挙げての、「全日本無名戦没者合葬墓建設会」（昭和二七年五月発足）によって企画されたという。当初は欧米諸国の「無名戦士の墓」と同列で、靖国神社とは別の霊場であった。それは軍人・軍属だけではなく、一般戦没者も埋葬の視野に入れていた「合葬墓」であった。そして特定の宗教に偏在することなく、参拝者の「信教の自由」を保障した施設であった。「ムラやマチの靖国」と称されながらも、忠魂碑と忠霊塔は、その性格・実態が大きく異なっていたのである。

旧桃野村（**忠魂碑**〔希典書〕あり）は、**旧古馬牧村**《こめまき》（**忠魂碑**あり・忠霊塔なし）と合併（昭和三〇年四月）し、旧月夜野町となるが、この際、旧古馬牧村の戦没者も旧桃野村の忠霊塔に合祀され、現在の合祀者数は二村分の**三六六柱**である。このように同地は、旧村における横死者・戦没者の慰霊センターとして位置づけられ、旧村の「聖地」「記念の地」となっている。これは地域社会において、人々のために「非業の死」を遂げた近世の「横死者」と、国（クニ）のために命を捧げ、同じく「非業の死」を遂げた近代の戦没者とが、一連のものであることを証明していよう。また、公共性が高まることで、顕彰の度合いも高まっていくのである。

陸軍埋葬地は、当初から陸軍戦没者を埋葬するために創設されたものではなく、もともとは戦没

3名の「元ロシア人兵士之墓」

「明治二十七八年戦役　明治三十七八年戦役　戦死病没者之碑」

「支那事変　大東亜戦争　忠霊碑」

「満州事変　忠霊之碑」

者以外の「死没将兵」を埋葬する場所であった。従来、この点に大きな誤解があったように思われるが、戦没者が埋葬されるようになるのは、音羽陸軍埋葬地での事例のように、一般的には対外戦争以降のことであろう。

高崎陸軍埋葬地には、内戦での戦没者は埋葬されなかった。同地には、明治期に高崎十五連隊戦没者の**「明治二十七八年戦役　明治三十七八年戦役　戦死病没者之碑」**（明治三九年七月二七日）と、捕虜（俘虜）として高崎で死没した**三名（傷病兵）の「元ロシア人兵士之墓」**が建立される。昭和期には、**「満州事変　忠霊之碑」**（陸軍大臣荒木貞夫書、昭和八年二月）と、**「支那事変　大東亜戦争　忠霊碑」**（宇都宮師団管区司令官関亀治書、昭和二〇年八月八日）が建立された。さらに日本の敗戦後には、**群馬県パラオ会**によって**「納骨　供養塔」**が建立（昭和四八年四月一五日）されている。

群馬県パラオ会の「納骨　供養塔」

既述の昭和一六年七月一九日の改正「陸軍墓地規則」には、

第十三条　第三条各号ノ一ニ該当スル者ヲ合祀スル為陸軍墓地ニ一戦役又ハ一事変毎ニ一基ノ忠霊塔

新発田陸軍墓地の「日露戦役忠霊塔」
（新発田市西園町・西公園）

同上の「忠霊塔」（忠霊堂・納骨堂）

ヲ建設ス　但シ同條第三号該当者ハ最近年次建設ノ忠霊塔ニ合葬ス

（前略）陸軍墓地忠霊塔ヲ市町村ノ忠霊塔ニ併合セシムルコトヲ得

と規定された〔原田 2003〕。したがって陸軍墓地と忠霊塔は、「大東亜戦争」（太平洋戦争）を前にして一体化していくのであるが、しかし高崎陸軍墓地には、例えば**新発田陸軍墓地**（新発田市西園町・西公園）で見かけるような、規模の大きい**「忠霊堂」「納骨堂」**等が建立されることはなかった。新発田は、歩兵第十六連隊の衛戍地であった。

実は、本県旧沼田町（沼田市）には昭和一九年九月、**沼田陸軍墓地**が設営されている。これは**「沼**

「沼田利南忠霊墓塔」（沼田陸軍墓地）

「御大典記念」とある旧利南村の「忠魂碑」（同上）

田利南忠霊墓塔（沼田市高橋場町・十王公園）とも称されて、陸軍・旧沼田町・旧利南村（沼田市）三者の共同施設であったと考えられる。現在は**七三九柱**が合祀されているといわれ、この詳細も拙著（2018、2020）を参照されたいが、同忠霊墓塔は、既述の「陸軍墓地規則」の方針に沿った慰霊施設であったのだろう。

同地には、**旧利南村**の戦没者氏名を刻んだ（判読不可）、**忠魂碑**（陸軍中将山田忠三郎書、大正四年一一月）も建立されている。同碑には**「御大典記念」**とあり、戦没者の出現による慰霊・顕彰ではなく、大正天皇（嘉仁、明治天皇第三皇子）の**即位礼**（大正四年一一月一〇日）を記念したものであった。とくに忠魂碑は、帝国在郷軍人会（発会式は明治四三年二月三日の「天長節」）によって建立されていく。こうした戦役ではなく国家行事も、戦没者慰霊・顕彰と深い関係があったのである。

なお、現今の「墓じまい」「仏壇じまい」の潮流にあって、伝統的な家（イエ）での先祖祭祀は大きく揺らぎ始めている。その結果、戦没者の「無縁化」「無縁仏化」も益々加速している状況である。

〔参考文献〕

会津史学会編、2009『新訂　会津歴史年表』歴史春秋社。

赤澤史朗、2005『靖国神社―せめぎあう〈戦没者追悼〉のゆくえ―』岩波書店。

赤澤史朗、2015『戦没者合祀と靖国神社』吉川弘文館。

朝尾直弘他編、2005『角川　新版　日本史辞典』角川書店。

朝日新聞、2019「もっと知りたい　靖国神社1」（七月二二日付夕刊）。

朝日新聞、2019「もっと知りたい　靖国神社2」（七月二三日付夕刊）。

朝日新聞、2019「もっと知りたい　靖国神社3」（七月二四日付夕刊）。

阿部隆一編、2014『季刊　会津人群像』二八号、歴史春秋社。

雨宮昭一、2018『共同主義とポスト戦後システム』有志舎。

新井勝紘、2018『五日市憲法』岩波新書。

新井勝紘・一ノ瀬俊也編、2003『国立歴史民俗博物館研究報告―慰霊と墓―』一〇二集、国立歴史民俗博物館（歴博）。

荒川章二編、2015『地域のなかの軍隊2　関東　軍都としての帝都』吉川弘文館。

粟津賢太、2003「忠霊塔をめぐる言説と宗教社会学的アプローチ」歴博編『近現代の戦争に関する記念碑』歴博。

粟津賢太、2017『記憶と追悼の宗教社会学―戦没者祭祀の成立と変容―』北海道大学出版会。

粟津賢太、2019「書評とリプライ　今井昭彦著『対外戦争戦没者の慰霊—敗戦までの展開—』」『宗教と社会』二五号、「宗教と社会」学会。

粟津賢太、2019「文献紹介　今井昭彦による慰霊研究三部作について」『戦争社会学研究3—宗教からみる戦争—』戦争社会学研究会。

生田　惇、1987『日本陸軍史』教育社。

池上良正、2008「靖國信仰の個人性」國學院大學研究開発推進センター編『慰霊と顕彰の間—近現代日本の戦死者観をめぐって—』錦正社。

池上良正、2019『増補　死者の救済史—供養と憑依の宗教学—』ちくま学芸文庫。

石井研堂、1997『明治事物起源3』ちくま学芸文庫。

石井研堂、1997『明治事物起源6』ちくま学芸文庫。

石原征明、2003『ぐんまの昭和史（上）』みやま文庫。

石原征明・岩根承成、2016『ぐんまの自由民権運動』みやま文庫。

伊勢崎市編、1993『伊勢崎市史　通史編2　近世』伊勢崎市。

磯岡哲也・弓山達也、2016「第5章 近代化と日本の宗教」井上順孝編『宗教社会学を学ぶ人のために』世界思想社。

板橋春夫、2007『誕生と死の民俗学』吉川弘文館。

一ノ瀬俊也、2004『近代日本の徴兵制と社会』吉川弘文館。

一ノ瀬俊也、2004『明治・大正・昭和軍隊マニュアル―人はなぜ戦場へ行ったのか―』光文社新書。

一ノ瀬俊也他、2006『日本軍事史』吉川弘文館。

伊藤純郎、2008『増補　郷土教育運動の研究』思文閣出版。

伊藤純郎、2015「予科練と特攻隊の原風景―霞ヶ浦・筑波山―」荒川編『地域のなかの軍隊2』吉川弘文館。

伊藤純郎、2019『特攻隊の〈故郷〉―霞ヶ浦・筑波山・北浦・鹿島灘―』吉川弘文館。

伊藤純郎編著、2008『フィールドワーク　茨城県の戦争遺跡』平和文化。

伊藤智永、2009『奇をてらわず―陸軍省高級副官美山要蔵の昭和―』講談社。

伊藤智永、2016『靖国と千鳥ヶ淵―A級戦犯合祀の黒幕にされた男―』講談社。

伊藤智永、2016『忘却された支配―日本のなかの植民地朝鮮―』岩波書店。

伊藤智永、2019『「平成の天皇」論』講談社現代新書。

稲宮康人・中島三千男、2019『非文字資料研究叢書2　「神国」の残影　海外神社跡地写真記録』国書刊行会。

今井昭彦、1987「群馬県下における戦没者慰霊施設の展開」『常民文化』一〇号、成城大学大学院日本常民文化専攻院生会議。

今井昭彦、1998「近代日本における戦没者祭祀―札幌護国神社創建過程の分析を通して―」松崎編『近代庶民生活の展開―くにの政策と民俗―』三一書房。

今井昭彦、2002「銃後の人々の想い」『みて学ぶ埼玉の歴史』山川出版社。

今井昭彦、2003「日露戦争と戦争碑―山田郡大間々町の事例から―」『群馬評論』九四号、群馬評論社。

今井昭彦、2003「近代日本における戦死者祭祀―忠霊塔建設運動をめぐって―」『近代仏教』一〇号、日本近代仏教史研究会。

今井昭彦、2004「忠霊塔に関する一考察―その意匠と祭祀形態をめぐって―」『歴史と民俗』二〇号、平凡社。

今井昭彦、2004「国家が祀らなかった戦死者―白虎隊士の事例から―」国際宗教研究所編（井上・島薗監修）『新しい追悼施設は必要か』ぺりかん社。

今井昭彦、2005『近代日本と戦死者祭祀』東洋書林。

今井昭彦、2008「群馬県における忠霊塔建設―靖国問題によせて―」『群馬文化』二九五号、群馬県地域文化研究協議会。

今井昭彦、2008「忠霊塔建設に関する考察―その敗戦までの経緯―」関沢編『国立歴史民俗博物館研究報告―戦争体験の記録と語りに関する資料論的研究―』一四七集、歴博。

今井昭彦、2009「慰霊から読む近代桐生の精神史」『桐生史苑』四八号、桐生文化史談会。

今井昭彦、2013『反政府軍戦没者の慰霊』御茶の水書房。

今井昭彦、2014「軍都高崎と戦没者慰霊」『群馬県立女子大学　第二期群馬学リサーチフェロー研究報告集』群馬県立女子大学群馬学センター。

今井昭彦、2014「近代会津の復権と戦没者慰霊」阿部編『季刊　会津人群像』二八号、歴史春秋社。

今井昭彦、2015「人神信仰と戦没者慰霊の成立」島薗他編『シリーズ日本人と宗教3　生と死』春秋社。

今井昭彦、2015「コラム1　軍都高崎と歩兵第一五連隊」「コラム3　宇都宮第一四師団」荒川編『地域のなかの軍隊2』吉川弘文館。

今井昭彦、2015「群馬県における戦没者慰霊」『旧真田山陸軍墓地研究年報』三号、特定非営利活動法人旧真田山陸軍墓地とその保存を考える会。

今井昭彦、2015「戦没者慰霊の現状と課題—群馬県の事例をもとに—」『群馬文化』三二二号、群馬県地域文化研究協議会。

今井昭彦、2017「軍都高崎と戦没者慰霊」群馬県立女子大学編『群馬学リサーチフェロー論集　群馬学の確立にむけて　別巻1』上毛新聞社。

今井昭彦、2018『対外戦争戦没者の慰霊—敗戦までの展開—』御茶の水書房。

今井昭彦、2020『近代群馬と戦没者慰霊』御茶の水書房。

今西聡子、2019「中山寺で死亡した大津聯隊の生兵、北川米次郎」小田編著『旧真田山陸軍墓地、墓標との対話』阿吽社。

今西聡子、2019「脚気と陸軍」小田編著『旧真田山陸軍墓地、墓標との対話』阿吽社。

今西聡子、2019「コラム　生兵の発病率と死亡率」小田編著『旧真田山陸軍墓地、墓標との対話』阿吽社。

岩井忠熊、2008『「靖国」と日本の戦争』新日本出版社。

岩波書店編集部編、1991『近代日本総合年表　第三版』岩波書店。

岩田真美・桐原健真編、2018『カミとホトケの幕末維新―交錯する宗教世界―』法藏館。

岩根承成、2004『群馬事件の構造―上毛の自由民権運動―』上毛新聞社。

岩根承成編著、2008『群馬と戦争―古代〜近代の群馬と民衆―』みやま文庫。

丑木幸男、2008『群馬県兵士のみた日露戦争』みやま文庫。

丑木幸男、2019「新刊紹介　今井昭彦著『対外戦争戦没者の慰霊―敗戦までの展開―』」『群馬文化』三三五号、群馬県地域文化研究協議会。

内田　満、2007「秩父困民党と武器（得物）」森田武教授退官記念会編『近世・近代日本社会の展開と社会諸科学の現在』新泉社。

内田　満、2017『一揆の作法と竹槍席旗』埼玉新聞社。

梅田正己、2010『これだけは知っておきたい　近代日本の戦争』高文研。

海野福寿、2001『日清・日露戦争』集英社。

海老根功調査編修、2001『群馬県の忠霊塔等』群馬県護国神社（非売品）。

大岡昇平、1981『成城だより』文藝春秋。

大江志乃夫、1976『日露戦争の軍事史的研究』岩波書店。

大江志乃夫、1978『戒厳令』岩波新書。

大江志乃夫、1980『国民教育と軍隊』新日本出版社。

大江志乃夫、1981『徴兵制』岩波新書。

大江志乃夫、1984『靖国神社』岩波新書。

太田市編、1992『太田市史　通史編　近世』太田市。

太田市編、1994『太田市史　通史編　近現代』太田市。

大谷栄一、2002『近代日本の日蓮主義運動』法蔵館。

大谷栄一、2004「靖国神社と千鳥ヶ淵戦没者墓苑の歴史―戦没者の位置づけをめぐって―」国際宗教研究所編（井上・島薗監修）『新しい追悼施設は必要か』ぺりかん社。

大谷栄一、2012『近代仏教という視座―戦争・アジア・社会主義―』ぺりかん社。

大谷栄一、2019『日蓮主義とはなんだったのか―近代日本の思想水脈―』講談社。

大谷栄一、2020『近代仏教というメディア―出版と社会活動―』ぺりかん社。

大谷栄一他編著、2018『日本宗教史のキーワード―近代主義を超えて―』慶應義塾大学出版会。

大濱徹也、1978『天皇の軍隊』教育社。

大濱徹也・吉原健一郎編、1993『江戸東京年表』小学館。

大原康男、1984『忠魂碑の研究』暁書房。

小川原正道、2010『近代日本の戦争と宗教』講談社。

小田部雄次、2016『大元帥と皇族軍人　明治編』吉川弘文館。

小田康徳編著、2019『旧真田山陸軍墓地、墓標との対話』阿吽社。

小田康徳・横山篤夫他編著、2006『陸軍墓地がかたる日本の戦争』ミネルヴァ書房。

落合延孝、1996『猫絵の殿様―領主のフォークロア―』吉川弘文館。

落合延孝、2006『幕末民衆の情報世界―風説留が語るもの―』有志舎。

落合延孝、2015『幕末維新を生きた人々』みやま文庫。

小野泰博他編、1985『日本宗教事典』弘文堂。

小野泰博他編、1986『日本宗教ポケット辞典』弘文堂。

籠谷次郎、1994『近代日本における教育と国家の思想』阿吽社。

笠原一男・安田元久編、1999『日本史小年表』山川出版社。

笠原英彦、2006『明治天皇』中公新書。

笠原英彦、2012『歴代天皇総覧』中公新書。

加藤陽子、1996『徴兵制と近代日本』吉川弘文館。

神島二郎、1980『近代日本の精神構造』岩波書店。

川村邦光、1996『民俗空間の近代―若者・戦争・災厄・他界のフォークロア―』情況出版。

川村邦光、2007『越境する近代　聖戦のイコノグラフィー―天皇と兵士・戦死者の図像・・表象―』

青弓社。

菊池邦作、1977『徴兵忌避の研究』立風書房。

菊池　実、2005『近代日本の戦争遺跡―戦跡考古学の調査と研究―』青木書店。

菊地　実、2015『近代日本の戦争遺跡研究―地域史研究の新視点―』雄山閣。

キース・L・カマチョ（西村明・町泰樹訳）、2016『戦禍を記念する―グアム・サイパンの歴史と記憶―』岩波書店。

北村　毅、2009『死者たちの戦後史―沖縄戦跡をめぐる人々の記憶―』御茶の水書房。

近現代史編纂会編、2000『陸軍師団総覧』新人物往来社。

熊倉浩靖、2016『上毛三碑を読む』雄山閣。

熊倉浩靖、2020『「日本」誕生―東国から見る建国のかたち―』現代書館。

栗田尚弥、2020『キャンプ座間と相模総合補給廠』有隣新書。

黒田俊雄編、1994『村と戦争―兵事係の証言―』桂書房。

群馬県編、1940『上毛忠魂録』群馬県。

群馬県教育史研究編さん委員会編、1973『群馬県教育史　第二巻（明治編下巻）』群馬県教育委員会。

群馬県県民生活部世話課編、1974『群馬県復員援護史』群馬県。

群馬県高等学校教育研究会歴史部会編、1991『新版　群馬県の歴史散歩』山川出版社。

群馬県高等学校教育研究会歴史部会編、2005『群馬県の歴史散歩』山川出版社。

群馬県史編さん委員会編、1979『群馬県史　資料編 近代現代3』群馬県。

群馬県史編さん委員会編、1990『群馬県史　通史編9』群馬県。

群馬県史編さん委員会編、1991『群馬県史　通史編7』群馬県。

群馬県史編さん委員会編、1992『群馬県史　通史編　年表・索引』群馬県。

群馬地域文化振興会編、2003『新世紀　ぐんま郷土史辞典』群馬県文化事業振興会。

孝本　貢、2001『現代日本における先祖祭祀』御茶の水書房。

國學院大學研究開発推進センター編、2008『慰霊と顕彰の間―近現代日本の戦死者観をめぐって―』錦正社。

國學院大學研究開発推進センター編、2010『霊魂・慰霊・顕彰―死者への記憶装置―』錦正社。

國學院大學研究開発推進センター編、2013『招魂と慰霊の系譜―「靖國」の思想を問う―』錦正社。

國學院大學研究開発推進センター編・阪本是丸責任編集、2016『昭和前期の神道と社会』弘文堂。

國學院大學日本文化研究所編、1994『神道事典』弘文堂。

国際宗教研究所編（井上順孝・島薗　進監修）、2004『新しい追悼施設は必要か』ぺりかん社。

国立歴史民俗博物館編、2002『葬儀と墓の現在―民俗の変容―』吉川弘文館。

国立歴史民俗博物館編、2003『近現代の戦争に関する記念碑』歴博。

国立歴史民俗博物館編、2004『戦争体験の記録と語りに関する資料調査1　国立歴史民俗博物館資料調査報告書』歴博。

小林健三・照沼好文、1969『招魂社成立史の研究』錦正社。

小林清治編、1989『図説　福島県の歴史』河出書房新社。

五来　重、1992『葬と供養』東方出版。

近藤義雄・丸山知良編著、1978『上州のお宮とお寺　寺院篇』上毛新聞社。

近藤義雄・丸山知良編著、1978『上州のお宮とお寺　神社篇』上毛新聞社。

近藤好和、2019『天皇の装束』中公新書。

埼玉県神道青年会編、2017『埼玉県の忠魂碑』小川秀樹。

坂井久能、2013「靖國神社と白金海軍墓地」國學院大學研究開発推進センター編『招魂と慰霊の系譜―「靖國」の思想を問う―』錦正社。

坂井久能、2014「護國神社と賀茂百樹」明治聖徳記念学会編『明治聖徳記念学会紀要』復刊五一号、明治聖徳記念学会。

坂井久能、2020「賀茂真淵の墓改修事業とその歴史的意義」國學院大學研究開発推進センター編・坂本是丸責任編集編『近代の神道と社会』弘文堂。

坂井久能編著、2006『名誉の戦死―陸軍上等兵黒川梅吉の戦死資料―』岩田書院。

櫻井義秀・川又俊則編、2016『人口減少社会と寺院―ソーシャル・キャピタルの視座から―』法藏館。

佐藤　勲他編、1986『碓氷路の金石文』みやま文庫。

佐藤憲一、2003「仙台陸軍基地調査報告」新井・一ノ瀬編『国立歴史民俗博物館研究報告―慰霊と墓―』一〇二集、歴博。

佐藤雅也、2013「誰が戦死者を祀るのか―戊辰戦争・西南戦争・対外戦争（戦闘）の戦死者供養と祭祀―」鈴木岩弓・田中則和編『講座　東北の歴史　第六巻　生と死』清文堂。

佐藤雅也、2017「近代仙台の慰霊と招魂（2）―誰が戦死者を祀るのか―」仙台市歴史民俗資料館編『足元からみる民俗25　調査報告書第35集』仙台市教育委員会。

佐藤雅也、2018「近代と旧藩祖祭祀―誰が旧藩祖伊達政宗を祀るのか―」『宮城歴史科学研究』八一号、宮城歴史科学研究会。

後田多　敦、2014「史窓6　台湾出兵から百四十年」『月刊琉球』一八号、琉球館。

後田多　敦、2015『琉球救国運動』出版舎Ｍｕｇｅｎ。

後田多　敦、2019『救国と真世―琉球・沖縄・海邦の史志―』琉球館。

島薗　進、2010『国家神道と日本人』岩波新書。

島薗　進、2013『日本仏教の社会理論』岩波現代全書。

島薗　進・高埜利彦・林　淳・若尾政希編、2015『シリーズ日本人と宗教3　生と死』春秋社。

下中彌三郎編、1996『神道大辞典（縮刷版）』臨川書店。

下仁田町史刊行会編、1971『下仁田町史』今井七五三次。

正田喜久、2007『明治維新の先導者　高山彦九郎』みやま文庫。

正田喜久、2011『中島飛行機と学徒動員』みやま文庫。

上毛新聞、2020「文学　流星群　作家大岡昇平　米兵撃たなかった理由」（七月一四日付）。

上毛新聞、2020「上毛新聞創刊133周年記念特集　時代を創る―渋沢栄一に学ぶ―」（一〇月二八日付）。

上毛新聞タカタイ、2014「戦死者の木造初展示」（七月二五日付）。

白井永二・土岐昌訓編、1991『神社辞典』東京堂出版。

白川哲夫、2015『「戦没者慰霊」と近代日本―殉難者と護国神社の成立史―』勉誠出版。

白川哲夫、2019「書評と紹介　今井昭彦著『対外戦争戦没者の慰霊』」『日本歴史』五月号、吉川弘文館。

新宮譲治、2000『戦争碑を読む』光陽出版社。

新人物往来社編、1990『別冊歴史読本　特別増刊　地域別　日本陸軍連隊総覧　歩兵編』新人物往来社。

新谷尚紀、1992『日本人の葬儀』紀伊國屋書店。

新谷尚紀、2005『柳田民俗学の継承と発展―その視点と方法―』吉川弘文館。

新谷尚紀、2009『お葬式―死と慰霊の日本史―』吉川弘文館。

新谷尚紀、2010「戦死者記念と文化差」関沢編『戦争記憶論―忘却、変容そして継承―』昭和堂。

新谷尚紀、2013『伊勢神宮と三種の神器―日本古代の祭祀と天皇―』講談社選書メチエ。

新谷尚紀、2015『葬式は誰がするのか―葬儀の変遷史―』吉川弘文館。

新谷尚紀、2016「書評　今井昭彦著『反政府軍戦没者の慰霊』」『日本民俗学』二七九号、日本民俗学会。

新潮社辞典編集部編、1991『新潮日本人名辞典』新潮社。

人文社観光と旅編集部編、1991『県別シリーズ8　郷土資料事典　群馬県・観光と旅』人文社。

関沢まゆみ編、2007『平成十八年度　第二回研究会　報告・討論集』歴博（非売品）。

関沢まゆみ編、2008『国立歴史民俗博物館研究報告―戦争体験の記録と語りに関する資料論的研究―』一四七集、歴博。

関沢まゆみ編、2010『戦争記憶論―忘却、変容そして継承―』昭和堂。

仙台市史編さん委員会編、2008『仙台市史　通史編6』仙台市。

仙台市史編さん委員会編、2009『仙台市史　通史編7』仙台市。

仙台市博物館市史編さん室、2014『せんだい市史通信』三三号、仙台市博物館市史編さん室。

仙台市歴史民俗資料館編、2001『企画展図録　戦争と庶民のくらし』仙台市歴史民俗資料館。

仙台市歴史民俗資料館編、2002『企画展図録　戦争と庶民のくらし2』仙台市歴史民俗資料館。

仙台市歴史民俗資料館編、2008『ガイドブック　仙台の戦争遺跡』仙台市教育委員会。

仙台市歴史民俗資料館編、2008『企画展図録　戦争と庶民のくらし3』仙台市教育委員会。

仙台市歴史民俗資料館編、2014『企画展図録　戦争と庶民のくらし4』仙台市教育委員会。

薗田　稔・橋本政宣編、2004『神道史大辞典』吉川弘文館。

高木大祐、2014『動物供養と現世利益の信仰論』慶友社。

高木　侃、2017『写真で読む三くだり半』日本経済評論社。

高木博志、2006『近代天皇制と古都』岩波書店。

高木博志、2018「明治維新五〇年、六〇年の記憶と顕彰―一九一七年、一九二八年の政治文化―」ダニエル・V・ボツマン他編『「明治一五〇年」で考える―近代移行期の社会と空間―』山川出版社。

高木博志編、2013『近代日本の歴史都市―古都と城下町―』思文閣出版。

高橋哲哉、2005『靖国問題』ちくま選書。

高橋文雄、1990『日本陸軍の精鋭　第十四師団史』下野新聞社。

高崎市教育史研究編さん委員会編、1978『高崎市教育史　上巻』高崎市教育委員会。

高崎市史編さん委員会編、1995『新編高崎市史　資料編9』高崎市。

高崎市史編さん委員会編、1998『新編高崎市史　資料編』高崎市。

高崎市史編さん委員会編、2004『新編高崎市史　通史編4』高崎市。

高橋文博、1998『吉田松陰』清水書院。

竹内　誠編、2003『徳川幕府事典』東京堂出版。

館林市教育委員会・館林市立図書館編、1999『戊辰騒擾　旧館林藩士戦争履歴　館林双書　第二十七巻』館林市教育委員会・館林市立図書館。

館林市史編さん委員会編、2016『館林市史　通史編２　近世館林の歴史』館林市。

館林市史編さん委員会編、2017『館林市史　通史編３　館林の近代・現代』館林市。

館林市立図書館編、1977『館林郷土史事典　館林双書　第七巻』館林市立図書館。

谷口眞子、2006『赤穂浪士の実像』吉川弘文館。

谷口眞子、2013『赤穂浪士と吉良邸討入り』吉川弘文館。

堤　マサエ、2009『日本農村家族の維持と変動―基層文化を探ぐ社会学的研究―』学文社。

手島　仁、2006「新田義貞公挙兵六百年祭の史的考察」『群馬県立歴史博物館紀要』二七号、群馬県立歴史博物館。

手島　仁、2007「近代群馬の観光立県構想」『群馬県立歴史博物館紀要』二八号、群馬県立歴史博物館。

手島　仁、2008「日露戦争軍人木像」乾淑子編『戦争のある暮らし』水声社。

手島　仁・西村幹夫、2003「軍事都市高崎の陸軍墓地」『群馬県立歴史博物館紀要』二四号、群馬県立歴史博物館。

寺田近雄、1992『日本軍隊用語集』立風書房。

寺田近雄、1995『続・日本軍隊用語集』立風書房。

東京学芸大学日本史研究室編、2009『日本史年表　増補４版』東京堂出版。

時枝　務、2010「招魂碑をめぐる時空―群馬県高崎市頼政神社境内の招魂碑の場合―」國學院大學研究開発推進センター『研究紀要』四号、國學院大學研究開発推進センター。

時枝　務、2018『山岳霊場の考古学的研究』雄山閣。

戸部良一、1998『日本の近代9　逆説の軍隊』中央公論社。

中島三千男、2002「『靖国問題』に見る戦争の『記憶』」『歴史学研究　増刊号』青木書店。

中島三千男、2013『海外神社跡地の景観変容―さまざまな現在―』御茶の水書房。

中島三千男、2019『天皇の「代替わり儀式」と憲法』日本機関紙出版センター。

中山　郁、2016「陸軍における戦場慰霊と『英霊』観」國學院大學研究開発推進センター編・阪本是丸責任編集『昭和前期の神道と社会』弘文堂。

波平恵美子、2004『日本人の死のかたち―伝統儀礼から靖国まで―』朝日選書。

楢崎修一郎、2018『骨が語る兵士の最期』筑摩選書。

二木謙一監修、2004『藩と城下町の事典』東京堂出版。

西村　明、2006『戦後日本と戦争死者慰霊―シズメとフルイのダイナミズム―』有志舎。

西村　明、2015「書評とリプライ　今井昭彦著『反政府軍戦没者の慰霊』」『宗教と社会』二一号、「宗教と社会」学会。

西村　明、2018「慰霊」大谷他編著『日本宗教史のキーワード―近代主義を超えて―』慶應義塾大学出版会。

西山　茂、2016『近現代日本の法華運動』春秋社。

日蓮宗東京都北部宗務所、2017「上野彰義隊第百五十回忌墓前法要パンフレット」日蓮宗東京都北部宗務所。

日本史広辞典編集委員会編、1997『日本史広辞典』山川出版社。

根岸省三、1968『高崎市の明治百年史』高崎市社会教育振興会。

野口信一、2017『会津戊辰戦死者埋葬の虚実―戊辰殉難者祭祀の歴史―』歴史春秋社。

博報堂監修、1975『新聞記事で綴る明治史　上巻』亜土。

秦　郁彦、2010『靖国神社の祭神たち』新潮選書。

秦　郁彦編、1994『日本陸海軍総合事典』東京大学出版会。

早瀬晋三、2007『戦争の記憶を歩く―東南アジアのいま―』岩波書店。

原田敬一、2001『国民軍の神話―兵士になるということ―』吉川弘文館。

原田敬一、2003「陸海軍墓地制度史」新井・一ノ瀬編『国立歴史民俗博物館研究報告―慰霊と墓―』一〇二集、歴博。

原田敬一、2007『シリーズ日本近現代史③　日清・日露戦争』岩波新書。

原田敬一、2008『日清戦争』吉川弘文館。

原田敬一、2013『兵士はどこへ行った―軍用墓地と国民国家―』有志舎。

原田敬一、2015『「戦争」の終わらせ方』新日本出版。

原田敬一、2017「書評　今井昭彦著『反政府軍戦没者の慰霊』」『比較家族史研究』三一号、比較家族史学会。

原田敬一、2020『日清戦争論―日本近代を考える足場―』森の泉社。

原　剛・安岡昭男、1997『日本陸海軍事典』新人物往来社。

原　武史・吉田　裕編、2005『岩波天皇・皇室辞典』岩波書店。

半藤一利他、2009『歴代陸軍大将全覧　明治篇』中公新書ラクレ。

樋口雄彦、2012『敗者の日本史17　箱館戦争と榎本武揚』吉川弘文館。

檜山幸夫、2011「帝国日本の戦歿者慰霊と靖国神社（上）―日本統治下台湾における台湾人の靖国合祀を事例として―」『社会科学研究』三一巻一号、中京大学社会科学研究所。

檜山幸夫編著、2001『近代日本の形成と日清戦争―戦争の社会史―』雄山閣。

檜山幸夫編著、2011『帝国日本の展開と台湾』創泉堂出版。

福川秀樹、2000『日本海軍将官辞典』芙蓉書房出版。

福川秀樹、2001『日本陸軍将官辞典』芙蓉書房出版。

福田博美、1997「群馬県における忠霊塔の建設と市町村」『群馬文化』二五二号、群馬県地域文化研究協議会。

藤井忠俊、2010『在郷軍人会―良兵良民から赤紙・玉砕へ―』岩波書店。

藤井正希、2020『憲法口話』成文堂。

藤田大誠、2007「国家神道と靖國神社に関する一考察―神社行政統一の挫折と賀茂百樹の言説をめぐって―」『國學院大學研究開発推進センター研究紀要』一号、國學院大學研究開発推進センター。

藤田大誠、2017「靖國神社の祭神合祀に関する一考察―人霊祭祀の展開と『賊軍』合祀問題を軸として―」『國學院大學研究開発推進センター研究紀要』一一号、國學院大學研究開発推進センター。

藤田大誠、2018「『国家神道』概念の近現代史」山口輝臣編『戦後史のなかの「国家神道」』山川出版社。

古田紹欽他監修、1988『佛教大事典』小学館。

星　亮一、2000『最後の幕臣　小栗上野介』中公文庫。

保科智治、1997「『箱館戦争関係墓碑』調査について」『函館市立博物館研究紀要』七号、函館市立博物館。

北海道新聞、2010「忠霊塔、忠魂碑『守れない』」（八月一四日付、夕刊）。

北海道新聞、2015「神奈川大・今井昭彦さんに聞く　『靖国』と同時期創建　函館護国神社」（八月一六日付、中川大介）。

細野雲外、1932『不滅の墳墓』巖末堂書店。

堀田暁生、2012「コラム４　日露戦争のロシア兵俘虜―大阪の俘虜収容所を中心に―」横山・西川編著『兵士たちがみた日露戦争』雄山閣。

堀田暁生、2019「下田織之助、最初の埋葬者にして謎の死―兵隊埋葬地はいかにしてできたのか―」小田編著『旧真田山陸軍墓地、墓標との対話』阿吽社。

毎日新聞、2020「ルポ　忠霊塔建設、全国一の群馬県」（八月六日付夕刊、伊藤智永）。

毎日新聞、2020「地域の『戦争意識』ひもとく」（八月一四日付、伊藤智永）。

毎日新聞「靖国」取材班、2007『靖国戦後秘史―A級戦犯を合祀した男―』毎日新聞社。

前澤哲也、2004『日露戦争と群馬県民』喚乎堂。

前澤哲也、2009『帝国陸軍　高崎連隊の近代史　上巻　明治大正編』雄山閣。

前澤哲也、2011『帝国陸軍　高崎連隊の近代史　下巻　昭和編』雄山閣。

前澤哲也、2016『古来征戦幾人カ回ル―いくさに出れば、帰れないのだ―』あさを社。

前澤哲也、2019「軍国美談の虚像と実像―原田重吉伝説を追って―」『群馬歴史民俗』四〇号、群馬歴史民俗研究会。

前田俊一郎、2010『墓制の民俗学―死者儀礼の近代―』岩田書院。

前橋市史編さん委員会編、1978『前橋市史　第四巻』前橋市。

前橋市史編さん委員会編、1984『前橋市史　第五巻』前橋市。

前橋市史編さん委員会編、1985『前橋市史　第七巻　資料編2』前橋市。

巻島　隆、2006「幕末維新期の『新田家旧臣』による新田神社創建について―新居喜左衛門日記を読む―」『ぐんま史料研究』二四号、群馬県立文書館。

巻島　隆、2016『桐生新町の時代―近世在郷村の織物と社会―』群馬出版センター。

松崎健三、2004『現代供養論考―ヒト・モノ・動植物の慰霊―』慶友社。

松崎憲三編、1998『近代庶民生活の展開―くにの政策と民俗―』三一書房。

丸山泰明、2010『凍える帝国―八甲田山雪中行軍遭難事件の民俗誌―』青弓社。

三國一朗、1995『戦中用語集』岩波新書。

『みて学ぶ埼玉の歴史』編集委員会編、2002『みて学ぶ埼玉の歴史』山川出版社。

水戸史学会編、1993『改訂新版　水戸の道しるべ』展転社。

宮城県高等学校社会科教育研究会歴史部会編、1995『新版　宮城県の歴史散歩』山川出版社。

宮城県高等学校社会科研究会歴史部会、2007『宮城県の歴史散歩』山川出版。

宮﨑俊弥、2017『近代まえばし史話』一般社団法人前橋法人会。

宮崎十三八・安岡昭男編、1994『幕末維新人名辞典』新人物往来社。

宮地正人、2012『幕末維新変革史　上』岩波書店。

宮地正人、2012『幕末維新変革史　下』岩波書店。

宮田　登、1970『生き神信仰―人を神に祀る習俗―』塙新書。

宮本袈裟男・谷口　貢編著、2009『日本の民俗信仰』八千代出版。

宮元健次、2006『神々の系譜―なぜそこにあるのか―』光文社新書。

村上興匡・西村　明編、2013『慰霊の系譜―死者を記憶する共同体―』森話社。

村上重良、1970『国家神道』岩波新書。

村上重良、1974『慰霊と招魂―靖国の思想―』岩波新書。

村上重良、1980『天皇の祭祀』岩波新書。

村上泰賢、2010『小栗上野介―忘れられた悲劇の幕臣―』平凡社新書。

村瀬隆彦、2002「静岡陸軍墓地個人墓について」『東海の路』刊行会編『考古学論文集　東海の路―平野吾郎先生還暦記念―』同刊行会。

村瀬隆彦、2002「丸尾勉のふたつの墓―静岡陸軍墓地と浜岡の墓所―」『静岡県近代史研究』二八号、静岡県近代史研究会。

村瀬隆彦、2008「志太郡関係日露戦争死没者について」『藤枝市史研究』九号、藤枝市。

村瀬隆彦、2009「静岡陸軍墓地の個人墓」静岡県戦争遺跡研究会『静岡県の戦争遺跡を歩く』静岡新聞社。

毛利敏彦、1996『台湾出兵―大日本帝国の開幕劇―』中公新書。

本康宏史、2002『軍都の慰霊空間―国民統合と戦死者たち―』吉川弘文館。

本康宏史、2003「金沢陸軍墓地調査報告」新井・一ノ瀬編『国立歴史民俗博物館研究報告―慰霊と墓―』一〇二集、歴博。

本康宏史、2003「慰霊のモニュメントと『銃後』社会」新井・一ノ瀬編『国立歴史民俗博物館研究報告―慰霊と墓―』一〇二集、歴博。

森　謙二、1993『墓と葬送の社会史』講談社現代新書。

森岡清美、1984『家の変貌と先祖の祭』日本基督教団出版局。

森岡清美、1987『近代の集落神社と国家統制』吉川弘文館。

森岡清美、1991『決死の世代と遺書』新地書房。

森岡清美、2011『若き特攻隊員と太平洋戦争』吉川弘文館。

森岡清美、2012『ある社会学者の自己形成―幾たびか嵐を越えて―』ミネルヴァ書房。

森岡清美、2012『「無縁社会」に高齢期を生きる』アーユスの森新書。

森岡清美、2016『年譜・著作目録　再訂版』森岡清美（非売品）。

森岡清美、2018『新版　真宗教団と「家」制度』法蔵館。

森岡清美・今井昭彦、1982「国事殉難戦没者、とくに反政府軍戦死者の慰霊実態（調査報告）」『成城文藝』一〇二号、成城大学文芸学部。

森下　徹、2006「個人墓碑から忠霊塔へ」小田・横山他編著『陸軍墓地がかたる日本の戦争』ミネルヴァ書房。

森下　徹、2019「書評　今井昭彦『対外戦争戦没者の慰霊　敗戦までの展開』」『史潮』新八六号、歴史学会。

森下　徹、2019「軍隊のいたまち・信太山」大西進・小林義孝（河内の戦争遺跡を語る会）編『地域と軍隊――おおさかの軍事・戦争遺跡――』山本書院グラフィックス出版部。

諸橋轍次、2001『大漢和辞典　第六巻』大修館書店。

靖国顕彰会編、1964『靖国』靖国顕彰会。

靖国神社やすくにの祈り編集委員会編著、1999『やすくにの祈り』産経新聞社。

靖国神社監修、2000『ようこそ靖国神社へ』近代出版社。

靖国神社編、2007『故郷の護國神社と靖國神社』展転社。

山折哲雄監修、2004『日本宗教史年表』河出書房新社。

山田武麿他、1974『群馬県の歴史　県史シリーズ』山川出版社。

山田雄司、2014『怨霊・怪異・伊勢神宮』思文閣出版。

山田雄司、2014『怨霊とは何か』中公新書。

山辺昌彦、2003「全国陸海軍墓地一覧」新井・一ノ瀬編『国立歴史民俗博物館研究報告―慰霊と墓―』一〇二集、歴博。

山室建徳、2007『軍神』中公新書。

横山篤夫、2003「旧真田山陸軍墓地変遷史」新井・一ノ瀬編『国立歴史民俗博物館研究報告―慰霊と墓―』一〇二集、歴博。

横山篤夫、2005「陸軍墓地と一般墓地内の軍人墓」『多摩の歩み』一一七号、財団法人たましん地域文化財団。

横山篤夫、2006「軍隊と兵士―さまざまな死の姿―」小田・横山他編『陸軍墓地がかたる日本の戦争』ミネルヴァ書房。

横山篤夫、2011「戦没者・兵役従事者の慰霊追悼と陸軍墓地―真田山陸軍墓地の事例を中心に―」『軍事史学』四七巻三号、軍事史学会。

横山篤夫、2019「生兵の溺死」小田編著『旧真田山陸軍墓地、墓標との対話』阿吽社。

横山篤夫・西川寿勝編著、2012『兵士たちが見た日露戦争―従軍日記の新資料が語る坂の上の雲―』雄山閣。

横山篤夫・森下　徹、2003「大阪府内の高槻と信田山の陸軍墓地」新井・一ノ瀬編『国立歴史民俗博物館研究報告―慰霊と墓―』一〇二集、歴博。

吉川弘文館編集部編、2012『日本軍事史年表―昭和・平成―』吉川弘文館。

吉田　裕、2002『日本の軍隊―兵士たちの近代史―』岩波新書。

吉田　裕、2012『現代歴史学と軍事史研究―その新たな可能性―』校倉書房。

吉田　裕、2017『日本軍兵士―アジア・太平洋戦争の現実―』中公新書。

ラルフ・プレーヴェ（阪口修平監訳、丸畠宏太・鈴木直志訳）、2010『19世紀ドイツの軍隊・国家・社会』創元社。

渡辺雅子、2007『現代日本宗教論―入信過程と自己形成の視点から―』御茶の水書房。

渡辺雅子、2011『満州分村移民の昭和史―残留者なしの引揚げ　大分県大鶴開拓団―』彩流社。

渡辺雅子、2019『韓国立正佼成会の布教と受容』東信堂。

人名索引

よ

事項索引

あ

い

う

え

お

か

き

く

け

こ

さ

し

す

せ

そ

た

ち

つ

て

と

な

に

ぬ

の

は

ひ

ふ

へ

ほ

ま

み

む

め

も

や

ゆ

よ

り

れ

ろ

著者紹介

今井昭彦（いまい・あきひこ）

1955年　群馬県太田市生まれ
1983年　成城大学文芸学部文芸学科を経て
同大学大学院文学研究科日本常民文化専攻修士課程修了
埼玉の県立高等学校社会科教員となり、熊谷女子高等学校などに勤務
2005年　博士（文学）（総合研究大学院大学）
2006年　第14回石川薫記念地域文化賞「研究賞」受賞
専門は歴史学・社会学・民俗学
成城大学民俗学研究所研究員、国立歴史民俗博物館（歴博）共同研究員、筑波大学非常勤講師等を歴任
単著は『近代日本と戦死者祭祀』（東洋書林、2005年）、『反政府軍戦没者の慰霊』（御茶の水書房、2013年）、『対外戦争戦没者の慰霊――敗戦までの展開――』（御茶の水書房、2018年）、『近代群馬と戦没者慰霊』（御茶の水書房、2020年）
現　在　歴史家、神奈川大学国際日本学部・群馬大学大学教育センター非常勤講師
群馬県邑楽郡大泉町文化財保護調査委員

近代《きんだい》日本《にほん》と高崎陸軍埋葬地《たかさきりくぐんまいそうち》

2021年１月25日　第１版第１刷発行

著　者――今　井　昭　彦
発行者――橋　本　盛　作
発行所――株式会社 御茶の水書房
〒113-0033 東京都文京区本郷5-30-20
電話 03-5684-0751

Printed in Japan
組版・印刷／製本・東港出版印刷株式会社

ISBN978-4-275-02135-9 C3021